KB029645

한옥 인테리어

한옥의 열린공간

한옥 인테리어

한옥의 열린공간

초판 발행 2011년 03월 02일
3 판 발행 2021년 09월 10일

발행인 이인구
편집인 손정미
디자인 최혜진

출력 (주)삼보프로세스
종이 영은페이퍼(주)
인쇄 (주)웰컴피앤피
제본 신안제책사

펴낸곳 한문화사
주소 경기도 고양시 일산서구 강선로 9
전화 070-8269-0860
팩스 031-913-0867
전자우편 hanok21@naver.com
등록번호 제410-2010-000002호

ISBN 978-89-963836-9-7 04540
ISBN 978-89-963836-4-2 [세트]

가격 34,500원

한옥 인테리어

한옥의 열린 공간

한문화사

전통이 현대건축과 어우러져 더욱 빛을 발하는 다양한 한옥의 열린 공간

한옥이 진화하고 있다. 이제 한옥은 더는 아득히 먼 고향 마을의 그리운 옛집이 아니다. 추억 속의 한옥이나 역사적인 문화유산으로서의 가치를 넘어, 이제 한옥은 현대를 살아가는 사람들과 함께 호흡하는 건강한 삶의 터전으로서 그 가치를 인정받고 있다. 사람들의 사고와 생활방식이 변화하고 있다. 한옥이 계속 진화해야 하는 이유다. 전통은 있는 그대로 잘 지키고 보존해야 하는 문화유산임과 동시에 창조적으로 발전시켜 가야 하는 이중성의 기반 위에 놓여 있다. 최근 한옥에 대한 관심이 높아지면서 많은 곳에서 다양한 모습으로 변화의 시도가 계속되고 있다.

전통한옥에는 현대건축에서 맛볼 수 없는 깊은 자연미가 담겨 있다. 마치 학의 날갯짓과 같은 지붕을 하고 산자락에 의지해 고즈넉이 자리 잡고, 자연과 소통하는 천연의 아름다움을 품고 있다. 먼저 사람의 몸을 생각하고 자연을 받아들여 순응하는 과학적인 구조는 지친 현대인들에게 정신적인 아늑함과 편안함을 느끼게 할 뿐만 아니라, 적절한 기의 순환에도 도움을 준다. 소재 역시 자연으로 되돌아가는 친환경 재료만 사용하여 건강에도 유익하다. 전통한옥이 가진 이런 장점들은 현대건축에서 다시 재현해야 할 미의식이다. 실용성과 편리함만 앞세우는 딱딱한 현대적인 공간에서 자연과 동화되는 한옥의 잊힌 고요야말로 현대인들이 찾고 있는 웰빙의 또 다른 해답이 될 수 있을 것이다.

이 책에서 한옥의 전통 건축방식을 접목하여 변화의 움직임에 발 빠르게 적응하며 창조적인 새로운 모습으로 변신하고 있는 다양한 개량한옥과 실내공간을 살펴볼 수 있다. 수백 년 된 전통한옥의 내부를 현대식으로 개량하여 숙박시설로 활용하는가 하면, 전통한옥의 한식기와에 기둥과 보 방식은 유지하되 현대의 기능성과 편리성을 더해 개량한 한옥도 있다. 전통적인 모습은 유지하면서도 건축주의 목적과 용도에 맞춰 내부를 획기적인 새로운 감각으로 리모델링한 사례도 있다. 주거공간이나 상업공간, 식당공간 또는 문화공간을 나름의 목적에 맞게 설계하고 실내를 한옥 풍으로 꾸민 다양한 인테리어 사례도 엿볼 수 있다. 특성에 맞게 지은 한옥의 한 부분이 극대화된 아름다움을 보여주기도 하고, 현대적인 건축기법과 만나 새로운 날개를 달게 되는 성공적인 사례도 있다.

보여주는 것에 그치지 않고 한옥 건축가와 시공사 그리고 현장 목수들의 목소리를 담아 현장감을 살리고, 한옥과 관련한 정신적인 문화나 예술적인 내용을 담아 내용의 깊이를 더했다. 변화의 중심에서 한옥의 아름다운 전통미와 자연미를 실생활공간에 접목하여 성공을 거둔 한옥의 열린 공간 39곳을 선별하여 현장을 취재하고 안을 들여다보았다.

전통을 지키는 것만큼이나 중요한 것은 현재와의 교류일 것이다. 자신에게 내재한 역사의 뿌리를 바탕으로 한옥의 미의식을 정립하여 새로운 시대에 통용되는 개념으로 재해석하고 체계화해 발전시켜 간다면, 더 나아가 세계화도 이룰 수 있을 것이다. 우리의 전통 건축물인 한옥이 역사 속에만 존재하는 박제된 유물이 아니라, 현대인들의 삶의 공간으로 새롭게 거듭나 함께 호흡하고 움직이며 몸과 마음을 치유해주는 진정한 삶의 공간으로 발전하길 바란다.

한문화사 편집부

한옥 인테리어

한옥의 열린공간

차 례

| 주거 공간 |

| 문화 공간 |

식당공간

식당
공간
01

남북협상이 만들어 낸 삼청각

삼청각三淸閣

서울시
성북구 성북2동
330-115

삼청각三淸閣의 유래

삼청각三淸閣의 이름은 원래 도교에서 신선이 사는 집을 의미하는 태청太淸 옥청玉淸 상청上淸에서 따왔지만, 산이 맑고(산청山淸), 물도 맑고(수청水淸), 인심도 좋다(인청人淸) 해서 삼청三淸으로 불리는 삼청각三淸閣은 이름 그대로 도심에서 가장 맑은 기운을 지닌 곳으로 "밝은 달빛 아래 비단을 펼쳐 놓은 형상으로 이름을 날릴 자손이 배출된다."라는 완사명월형浣紗明月形이다. 북악산의 정기가 모인 아름다운 숲 한가운데에 자리 잡은 채 지난 반세기 동안 일반인의 출입이 드물어 주변 산림이 사람의 손이 닿지 않은 채로 보존되어 온 덕분이다.

왼쪽_ 북악산의 북문인 숙정문에서 바라본 삼청각의 모습이다.
오른쪽_ 삼청각의 건물은 6동으로 숲 속에 둘러싸여 도심에서 가장 맑은 기운을 지닌 곳이다.

남북협상과 '요정 정치'의 산실

삼청각은 1972년 남북공동성명이 발표되고 남북협상이 시작되면서 북한대표와의 첫 서울협상에 맞춰 그린벨트에 지어진 대지 19,417m²(5,884평)에 연건평 4,392m²(1,331평)의 건물로 산자락을 다져 택지로 만들고 라이온건설 정재원 씨가 설계하고 대목장 정대기, 박광석 씨가 천추당, 청천당, 취한당, 동백헌의 4채를 목구조 한옥을 만들고 현대건설 고 정주영 회장이 일화당, 유하정, 솟을삼문의 콘크리트 한옥 3채를 시공했다. 1972년에 준공된 삼청각은 7·4남북공동성명 직후에 남북적십자 대표단의 만찬을 베풀었던

위_ 정문에서 순환도로를 따라 오르면 청천당과 일화당에 다다른다.
아래_ 담장 너머로 천추당, 청천당, 일화당이 보인다.

FLOOR PLAN

한식당(韓食堂) Korean Restaurant
: 일화당 1층(一龢堂 一層) Ilhwadang 1st floor

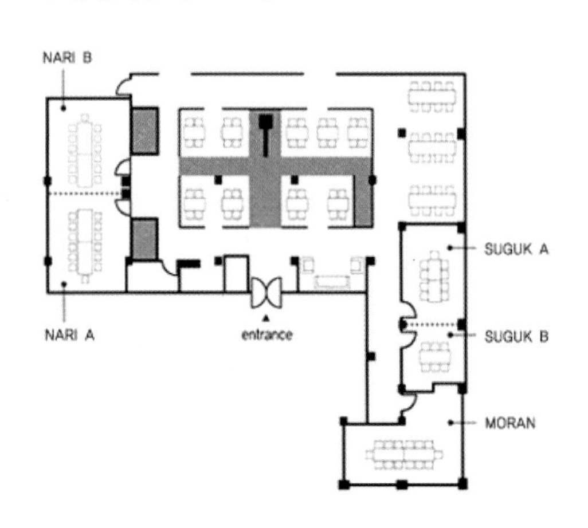

다원(茶園) DAWON
: 일화당2층(一龢堂 二層) Ilhwadang 2nd floor

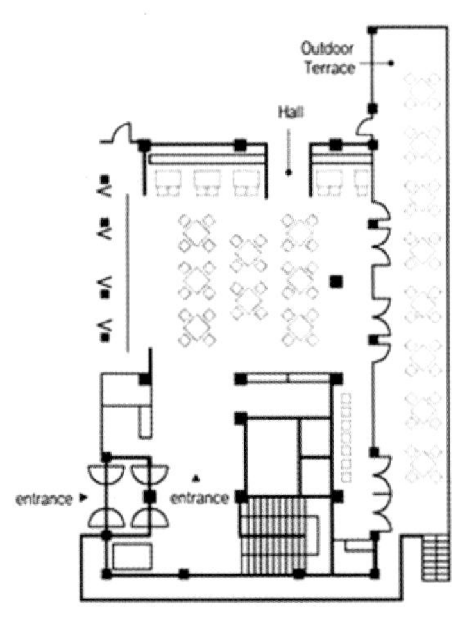

역사적 장소이기도 하고, 1970, 80년대 막후협상과 흥정의 주 무대였던 이곳에서 가야금 음률과 북악산 자락의 풍광을 즐기며 정치, 사회, 경제 현안을 논했다. 언제부턴가 세간에선 이를 두고 '요정 정치'라고 부르기 시작한다.

20여 년의 시간이 흘러 소나무 숲은 더 풍성해졌으나, 대원각(부처님께 시주한 길상사), 청운각과 대한민국 3대 요정 중의 하나인 삼청각은 1980년대 요정문화 쇠퇴로 문을 닫을 위기에 놓였다가 서울시의 문화시설 지정에 따라 2001년 전통문화 공연장으로 탈바꿈하고 지금은 한식당 등을 갖춘 전통문화시설로 변모해 국악, 민요 등 상설 전통공연도 열린다.

삼청각三淸閣의 구성

삼청각의 건물은 6동으로 이루어져 있다. 남북이 하나되어 화평하게 살아가는 집인 일화당一龢堂은 삼청각의 본채로 정면 9칸, 측면 3칸 반에 후면 좌·우측에 날개채를 두어 ㄷ자형 평면구성을 한 지상 1층, 지하 3층의 겹처마 팔작지붕 콘크리트 한옥이다. 1층은 전통찻집이 있고 지하 1층은 한식당과 공연장, 지하 2·3층은 사무실과 주방 및 부대시설을 갖추고 있다. 행사장으로 쓰이는 정면 6칸, 측면 4칸의 一자형으로 전퇴가 있는 천추당과 정면 4칸 반, 측면 3칸에 정면 3칸, 측면 1칸이 이어진 ㄴ자형의 청천당이 있다. 전통문화체험시설인 정면 5칸, 측면 2칸 반에 정면 2칸 반, 측면 2칸이 이어진 ㄴ자형의 취한당과 정면 4칸 반, 측면 3칸에 정면 2칸, 측면 1칸 반이 이어진 ㄴ자형의 동백헌이 있고 팔각형의 누樓인 그윽한 그늘이 깃든 정자인 유하정幽霞亭이 있다.

6동으로 구성된 삼청각 건물의 편액들. 왼쪽 위로부터 일화당, 천추당, 청천당, 취한당, 동백헌, 유하정

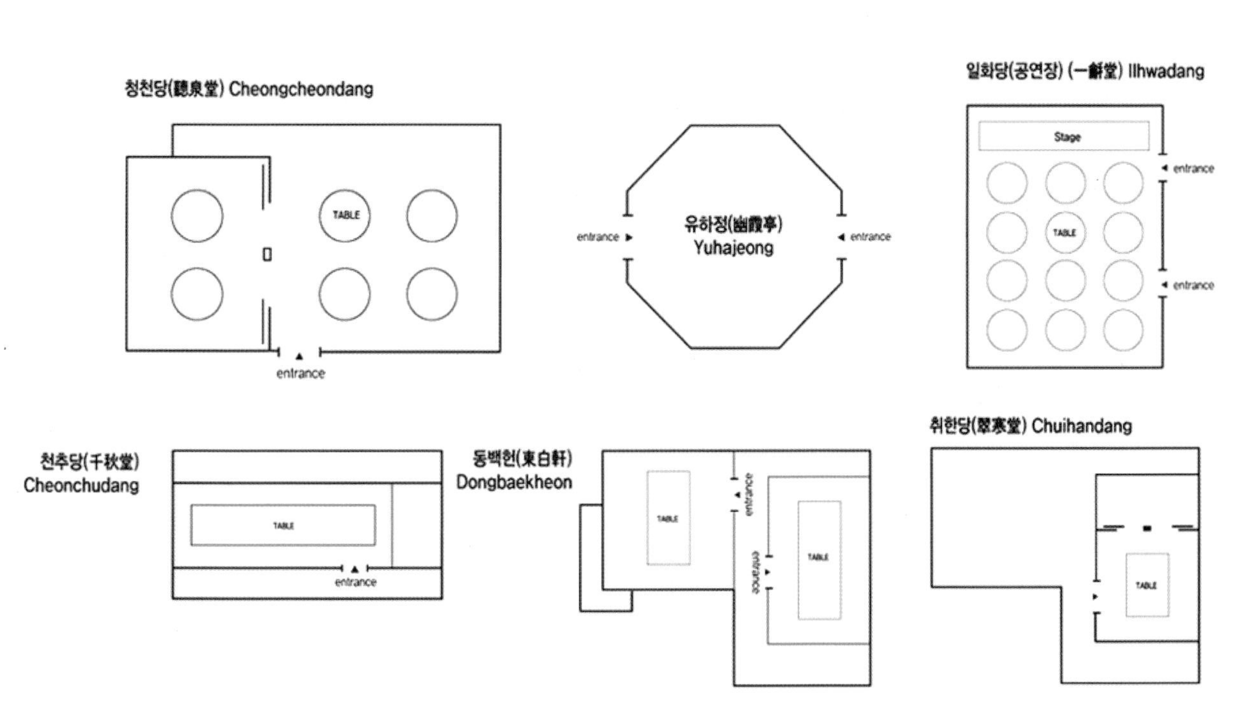

1

2

3

4

5

천추당, 청천당, 취한당, 동백헌의 전통한옥은 세벌대 기단을 기준으로 지형에 맞춰 단을 조정하고 기단 위에는 전돌을 깔고 사다리형초석에 사각기둥을 한 겹처마 팔작지붕의 소로수장집이다. 겉은 옛 모습이지만, 내부는 전통미를 가미한 현대시설로 교체하였다. 공간을 가변형으로 하여 행사를 하는 장소로 천장에 설치한 시스템에어컨에다 화장실의 샤워부스에 이르기까지 고급자재로 마감하였다.

2001년 삼청각 전통문화시설 조성사업 보고회를 개최한 것을 기점으로 본격적인 증·개축 공사에 착수하였다. 근대에 이르러 유럽에서 많이 시행하고 있는 증 ·개축 공사는 고대건축문화를 꽃피웠던 성당과 궁전 등 건축물의 외관을 그대로 보존하면서 내부용도로만 보수하는 것을 기본방침으로 하고 있는데 삼청각도 전통문화시설로 탈바꿈하는 것 역시 역사적인 장소를 가능한 한 훼손하지 않고, 전통의 미를 그대로 살리는 것을 주안점으로 삼았다. 특히, 조경은 울창한 자연경관을 그대로 살리고 기존의 조경시설을 유지하면서 조림 수준에서 보완하였다. 각 건물의 외관 색상은 한국 고궁의 멋스러움을 풍기기 위해 경복궁, 창덕궁 등의 궁궐에서 쓰이는 단청의 맛을 내는 예스런 색상을 선정하고 삼청각 내의 가로등이나 조명시설 역시 삼청각의 전통미와 어울리도록 설치하였다. 보행자 동선에는 칼라아스콘을 포장하여 사람들이 자연을 즐기면서 따뜻한 느낌을 받을 수 있도록 하였다.

6

1 본채인 일화당은 정면 9칸, 측면 3칸 반에 후면 좌 · 우측에 날개채를 두어
ㄷ자형 평면구성을 한 지상 1층, 지하 3층의 겹처마 팔작지붕 콘크리트 한옥이다.
2 사고석담장 사이로 일각문을 들어서면 일화당 후면과 연결된다.
3 일화당의 뒤뜰로 종종 결혼식과 야외행사가 이루어진다.
4 지형에 맞춰 사고석담장을 두른 사이로 콘크리트 건물인 솟을삼문을 설치했다.
5 일화당의 지하층에서 뒤뜰로 연결된 협문이다.
6 한식당의 일부 공간을 물확과 항아리를 이용한 수공간을 두어 심리적 안정을 취할 수 있도록 했다.

1 한식당의 입구로 항아리에 붉은빛이 선명한 흰말채나무 가지로 만든 오브제와 벽면 처리한 목재에 비친 간접조명이 조화를 이루면서 밑에서부터 위로 시선을 끌게 한다.
2 의자와 테이블의 무게감 있는 색, 기둥과 천장의 밝은색이 조화롭게 시각적인 안정감을 준다.
3 세팅된 테이블 뒤로 식물(율마)을 심어 공간을 분할했다.

1 현무암의 낮은 담과 수水공간을 두어 영역을 구분했다.
2 차경을 끌어들여 시원하고 밝은 5인석 식사공간이다.
3 홀웨이(Hall Way) 공간. 동선과 영역을 구분 짓는 기능을 담당한다.
4 소파 부스 뒤로 직선의 세로 선과 상단의 단청의 색이 어우러져 시원하면서도 은은한 전통미를 보인다.
5 벽면의 왼쪽은 나무의 단면을 반복적으로 드러내고 오른쪽은 석류나무의 패브릭으로 기하학적 구성을 하고 있어 자연스러운 분위기를 유도하고 있다.
6 암키와와 수키와로 벽면을 처리하여 전통미를 살리고 직선미가 있는 방형의 등으로 온화한 9인석 식사공간을 연출했다.

한식당의 정갈한 음식의 맛(미味)·아름다운 우리 음악의 소리(음音)·푸른 자연의 향기(향香)·한옥의 눈부신 자태의 빛깔(색色)·직접 만져보고 다뤄보는 한국 전통악기 감촉(촉觸)의 오감 만족을 느낄 수 있는 이곳은 외국인 관광객에게 우리 전통문화를 소개하기에 제격이고, 전통 다례·단소·시조·장구·판소리·한복체험·규방공예·비빔밥 만들기 등으로 구성된 삼청각의 문화강좌 및 체험행사를 경험할 수 있는 문화공간으로 거듭나고 있다.

1 현대적인 스타일 찻집의 메인홀 모습.
2 탁자 뒤로 문갑을 놓고 좌·우측에 삼층탁자를 놓았다. 천장에는 시스템에어컨 시설을 완자살로 모양을 내어 가렸다.
3 한옥침실로 방을 각장판으로 하여 한옥에 어울리는 자연스러움이 있고 창의 한쪽은 통유리로 하고 한쪽은 세살문에 팔각형의 문양을 넣어 불발기창의 모양을 내고 위에는 완자살로 광창을 내어 현대와 전통이 공존하는 실로 꾸몄다.
4 취한당. 가족모임이나 돌잔치 등 소규모 행사를 하기에 적합한 공간이다.

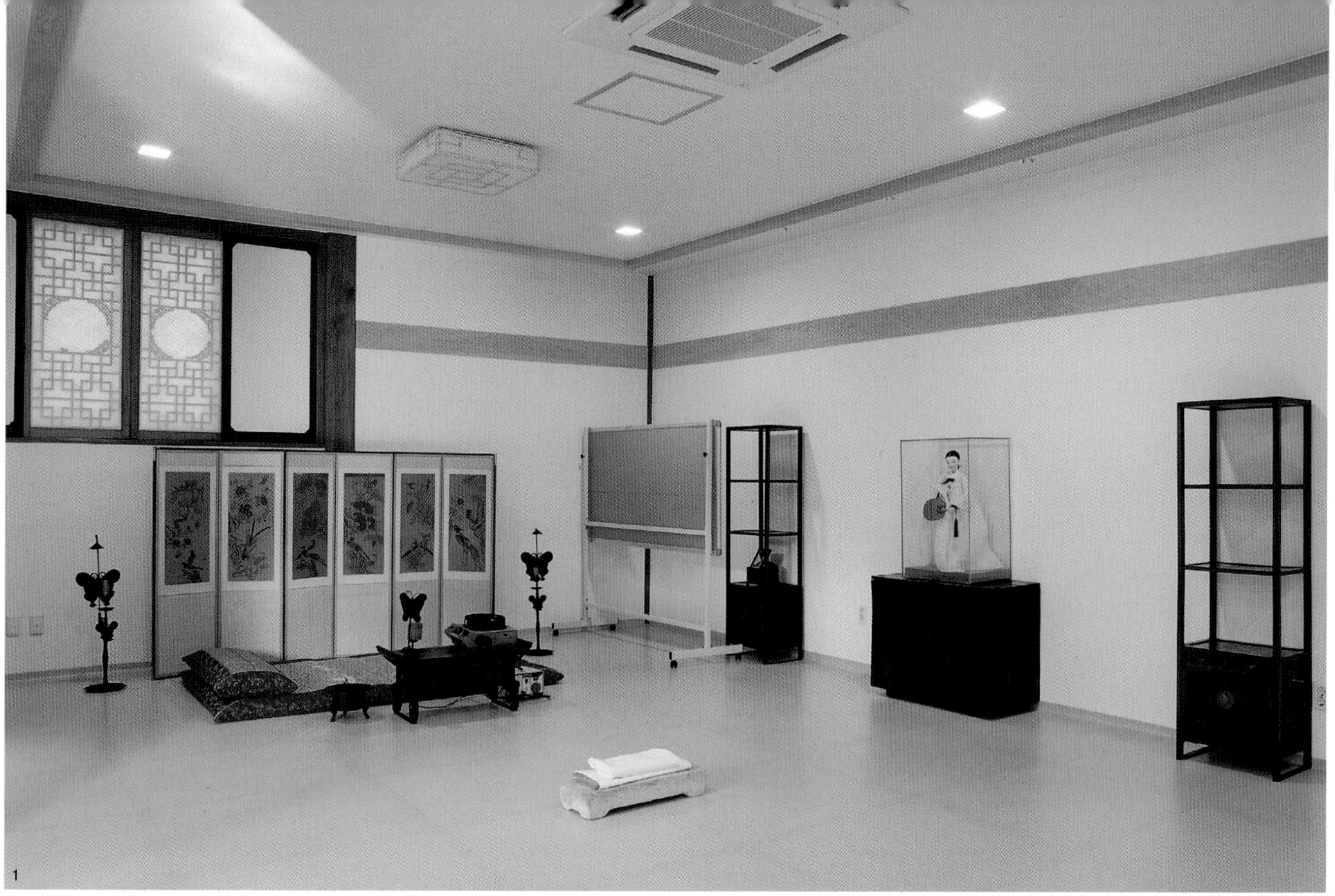

1

2

3

4

1 한옥 객실로 아랫목에 병풍, 보료를 놓고 그 앞에는 촛대, 서안과 다듬잇돌을 놓았다. 벽에는 중앙에 반닫이를 놓고 좌·우측에 사층탁자를 배치하였다.
2 한옥침실로 미서기창, 광창, 시스템에어컨을 설치한 천장에 완자살로 전통미를 내었다.
3 취한당. 공간을 가변형으로 하여 행사를 할 수 있게 했다.
4 긴장탁자로 위아래를 반닫이로 하고 가운데는 소품을 진열할 수 있게 구성했다.

1

2

3

4

5

1 빗살청판문으로 간이 벽을 하여 현대적인 분위기에 전통미를 더했다.
2 일화당 1층 테라스로 겹처마 밑으로 파라솔을 설치하여 차 한잔하면서 북악산의 산성을 바라보는 경치가 한 폭의 그림이다.
3 비췻빛 서늘함이 깃든 집인 취한당翠寒堂은 면적 136m^{2}의 정면 5칸, 측면 2칸 반에 정면 2칸 반, 측면 2칸이 이어진 ㄴ자형의 평면구성이다.
4 동녘의 밝은 집인 동백헌東白軒은 면적 138m^{2}의 정면 4칸 반, 측면 3칸에 정면 2칸, 측면 1칸 반이 이어진 ㄴ자형의 평면구성이다.
5 겹처마의 취한당. 기단 위에 전돌을 깔고 쪽마루에 평난간을 둘렀다.
간살이는 네 짝의 미서기 세살청판문을 달고 그 위에는 완자살로 광창을 내었다.

1 봄의 물소리가 들리는 집인 청천당聽泉堂은 면적 171m^{2}의 겹처마 팔작지붕으로
정면 4칸 반, 측면 3칸에 정면 3칸, 측면 1칸이 이어진 ㄴ자형의 평면구성이다. 정면과 우측면에 쪽마루를 두르고 평난간을 설치했다.
2 사고석담장 사이로 청천당으로 드나드는 맞배지붕 일각문에 기와를 얹었다.
3 청천당 내부모습.
4 영원하고 깊은 가을 집인 천추당千秋堂은 면적이 208m^{2}의 겹처마 팔작지붕으로 정면 6칸, 측면 4칸의 一자형으로 전퇴가 있는 평면구성이다.
5 천추당千秋堂의 측면으로 평난간은 데크와 연결되어 동선을 이어주고 벽과 합각은 회벽으로 마감했다.

식당
공간
02

궁궐 같은 음식점

명가원明家園

경기 파주시
광탄면 영장1리
261-6

주인은 그림을 그리고 조각하는 조각가다. 전통한옥 기능보유자이기도 한 이경상 조각가는 뜻밖에도 경기도 민속자료 제8호인 일산의 밤가시초가가 자신이 살던 집이었다고 한다. 어린 시절 초가집에 살아서 고래 등 같은 기와집에 살고 싶어 지금의 명가원을 지었다고 한다. 명가원은 두 번에 걸쳐 지은 한옥이다. 안채와 사랑채를 먼저 짓고 행랑채를 나중에 지었다. 안채와 사랑채는 20년 정도 되었으며, 행랑채는 15년 정도 되었다고 한다. 지은 연도를 물으니 답을 못한다. 삶에는 경계가 없음을 마음에 들이고 사는 분 같다. 변함없이 흐르는 시간을 조각내어 연도를 만들고 달을 만들고 시간과 분으로 쪼개어 사는 사람의 행태에 일침을 놓는 듯하다.

왼쪽_ 명가원의 행랑채 야경. 대문과 쪽문을 만들어 달았는데 명가원이라는 현판 위에 웅장하게 얹은 다포의 출목이 웅장한 모습을 보여준다.
오른쪽_ 명가원의 행랑채인 한식당은 정면 15칸, 측면 2칸 반의 칠량가로 홑처마 맞배지붕의 초익공 소로수장집이다. 안채보다 몇 배 되는 크기로 아마 우리나라에서 행랑채 규모로는 가장 크지 않을까 싶다.

금강송으로 지은 칠량가 행랑채

명가원은 일반집에서는 재목으로 사용하기 어려운 금강송으로 행랑채를 지었다. 황장목이라고도 불리는 금강송은 궁궐이나 사찰에서만 사용할 수 있는 귀한 소나무로 왕이 죽으면 관으로 쓰인 소나무 중에서도 귀족이다. 명가원의 가장 큰 특징은 행랑채에 있다. 100평 정도의 규모만으로도 그러하지만 칠량가로 높고 크다. 아마 우리나라에서 행랑채 규모로는 가장 크지 않을까 싶다. 거기에다가 금강송으로 지은 행랑채라니!

명가원은 사대부집의 대가를 떠올리게 하는 집이다. 크고 웅장하며 기둥의 굵기나 보와 도리의 몸통이 예사롭지 않다. 안채에 붙은 현판이 눈을 끈다. 우월교풍友月交風, 관수헌觀水軒, 사랑채에 걸린 현판의 우심당又心堂이라는 글의 내용과 글씨가 예사롭지 않다. 도가에 들어온 듯한 글이다. 달을 벗하고 달과 나누는 자연의 맛을 담은 내용이나 물을 바라본다는 뜻, 그리고 다시 마음을 잡는 집이라는 우심당 모두 그렇다.

냇가를 건너 명가원으로 들어서는 대문이 주는 위세 또한 크다. 문을 두 개로 나누어 대문과 쪽문을 만들어 달았는데 명가원이라는 현판 위에 웅장하게 얹은 다포의 출목이 웅장한 모습을 보여준다. 출목은 수평적 확장과 수직적 확장을 위하여 만든 장치로 멋과 함께 위세를 보여주기 위한 장치이다. 단순하게 방형으로 만든 출목이 단순함과 웅장함을 함께 보여준다.

1

2

3

1 대문에서 바라본 안채와 사랑채의 야경.
2 조선시대 사대부 집을 보는 듯한 너른 마당에 건축주가 손수 제작한 조각 작품과 석탑과 석물, 물확, 분재 등과 어우러진 전통 야생화 조원을 꾸몄다.
3 한식당은 민가에서 보기 드물게 칠량가로 건물의 외부에 접하는 면은 사각기둥으로 하고 툇마루 밖의 기둥은 원기둥으로 했다.

1 대문의 위용이 남다르다. 안에 보이는 건물이 안채이다.
2 사랑채는 정면 5칸, 측면 2칸에 정면 2칸, 측면 1칸 반을 연이은 ㄴ자형의 홑처마 팔작지붕 굴도리집이다.
3 안채 측면에서 사랑채를 바라본 모습으로 추녀에 풍경風磬을 달았다. 풍경은 작은 종처럼 만들어 가운데 추를 달고 밑에 붕어 모양의 쇳조각을 매달아 바람이 부는 대로 흔들리며 맑은 소리를 낸다. 마당에는 작은 화단을 꾸며 도가적인 느낌이 든다.
4 기단은 외벌대로 하고 기단 위는 판석을 깔아 규모보다 소박한 면을 보이고 있다.

1 안으로 들어서면 너른 마당에 손수 제작한 조각 작품 및 옛 물건들이 한국의 정서를 물씬 풍겨준다.
2 전통미가 있는 여닫이 빗살 쌍창 앞에 쪽마루가 놓여 있고 위에는 주련과 청사초롱이 달렸다.
오는 이를 반기는 듯하다.
3 후문 측면에 있는 측간은 정면 2칸, 측면 1칸의 홑처마 맞배지붕이다.

사대부집이 아닌 식당공간으로 지어졌기 때문에 전통에 변화를 꾀한 듯하다. 행랑채는 一자 모양으로 이어져 있는데 우리의 전통한옥에서 보여주는 크기보다 월등히 굵은 재목으로 지어져 당당하면서도 위압감을 준다. 행랑채에 쓴 재목이라고 하기에는 너무 당당하다. 조선 사대부집에서 보이는 사랑채와 안채가 독립된 공간으로 분할되어 있지 않고 현대적인 감각과 구조로 배치되어 자유롭고 편안해 보인다. 조선시대의 사대부집 형태를 일부 변형시켜 벽돌로 벽을 쌓기도 하고 전통 모습의 회벽을 하기도 했다.

궁궐 회랑과 같은 맞보형식

명가원은 행랑채인 한식당과 안채, 사랑채, 측간으로 구성되어 있다. 명가원의 전면에 보이는 행랑채는 정면 15칸, 측면 2칸 반의 칠량가로 홑처마 맞배지붕의 초익공 소로수장집이다. 한식당의 내부 중앙을 큰 절이나 궁궐에서나 볼 수 있는 원형초석에 배흘림을 한 원기둥을 평주로 하여 앞뒤로 길이를 달리한 보를 중앙기둥에 연결한 맞보형식으로 경복궁, 창덕궁, 창경궁의 회랑과 같은 규모이다. 건물의 외부에 접하는 면은 사각기둥으로 하고 툇마루 밖의 기둥은 원기둥으로 했다. 기단은 외벌대로 하고 기단 위는 판석을 깔아 규모와 비교하면 소박한 면을 보이고 있고 초석은 사다리형초석으로 했다. 행랑채의 툇마루에는 바깥에서 식사하는 손님을 위하여 소반과 탁자를 놓았다. 행랑채는 하인들이 묵던 곳으로 담을 겸해 지어져 있는 안채와 사랑채보다 격이 낮은 건물이었다. 하지만, 명가원에서는 행랑채가 본채로 보인다. 규모와 재목이 우선 명가원 전체에서 가장 돋보인다.

한식당 후면의 툇마루에는 바깥에서 식사하는 손님을 위하여 소반과 탁자를 놓았다. 앞마당의 고즈넉한 분위기와 어우러져 담소의 공간으로 한몫한다.

1 한식당의 내부 중앙은 큰 절이나 궁궐에서 볼 수 있는 원형초석에 배흘림을 한 원기둥으로 하고, 앞뒤로 길이를 달리한 보를 중앙기둥에 연결한 맞보형식이다.
2 벽면에는 전통 민속품을 걸어 볼거리를 제공하고 있다.
3 한지등이 은은한 빛을 발하고 있고 한쪽에는 벽난로의 그을음으로 자연스럽게 혹인 여인상을 작품화한 건축주의 예술적 안목이 엿보인다.

2

3

8칸 대청을 한 안채는 정면 6칸 반, 측면 2칸에 정면 2칸, 측면 2칸을 연이은 ㄴ자형의 홑처마 팔작지붕 소로수장집이다. 사랑채는 정면 5칸, 측면 2칸에 정면 2칸, 측면 1칸 반을 연이은 ㄴ자형의 홑처마 팔작지붕 굴도리집이다. 후문 측면에 있는 측간은 정면 2칸, 측면 1칸의 홑처마 맞배지붕이다. 안채와 사랑채는 크고 작은 실로 꾸며져 있어 손님의 규모에 맞게 실을 제공할 수 있는 구조이다. 명가원은 옛 한옥의 멋을 그대로 살린 고풍의 기와집으로 조선시대 사대부 집을 보는 듯한 넓고 커다란 음식점으로 자리 잡고 있다. 집 앞에는 개울이 시원하게 흐르고 많은 들꽃이 눈과 귀를 즐겁게 해주고, 안으로 들어서면 시원한 정자를 비롯하여 너른 마당에 손수 제작한 조각 작품 및 옛 물건들이 한국의 정서를 물씬 풍겨준다. 아담하고 소박한 한국전통의 정원을 갖고 있다.

명가원은 현재 87칸이라고 한다. 예사롭지 않은 규모다. 조선시대 명가의 한식을 맛볼 수 있는 명가원은 고풍과 아취를 함께 느낄 수 있는 집이다. 고마운 사람이나 아름다운 사람과 함께 가면 흐뭇한 시간을 보내게 될 것이다.

1 바닥은 한지에 콩댐한 한지장판으로 하고 천장은 종이반자로 했다. 등에 갓을 씌웠다.
2 육간대청은 부잣집이나 큰 집의 대명사로 쓰이기도 하는데 안채 대청마루는 8칸 대청을 한 큰 규모로 이곳만 보더라도 명가원의 규모를 가히 짐작할 수 있다.
3 좌 · 우측 벽에 고주를 한 오량가로 마루는 우물마루, 천장은 서까래가 노출된 연등천장이다. 기둥의 굵기에 압도당하는 느낌이 들 정도로 금강송의 위엄이 보인다.
4 한지등, 문갑, 병풍 등의 소품으로 내부 꾸밈을 한국적인 것들로 했다.

2

3

4

한국의 전통문화 전도사

메이필드 봉래헌蓬萊軒

서울시
강서구 외발산동
426

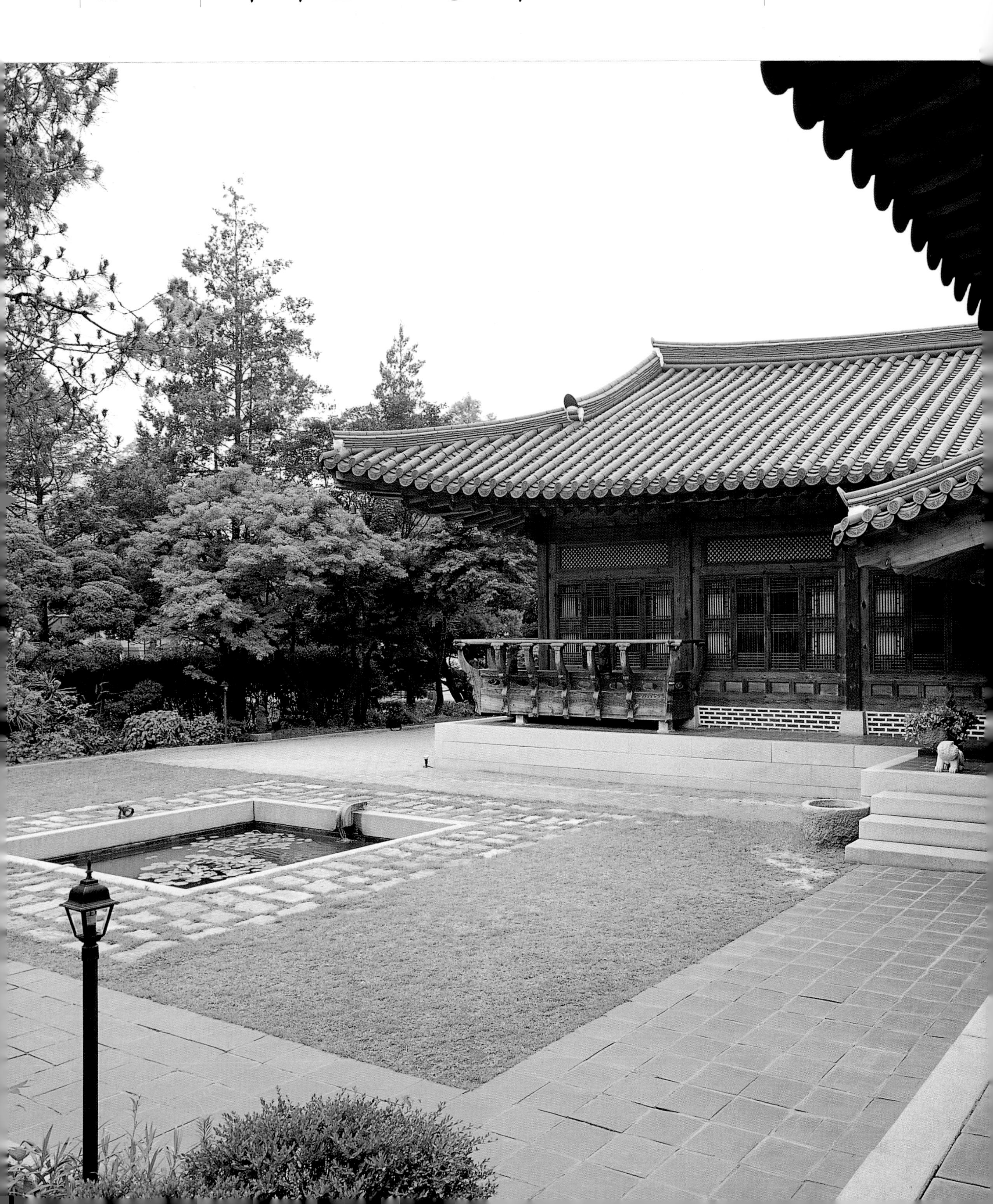

전통 궁궐양식의 한정식당

전통 궁궐양식의 한정식당인 봉래헌이 있는 메이필드호텔은 3만 2천 평 부지에 유럽풍 저층 객실과 종탑 양식의 이탈리안 레스토랑 등으로 독립하여 구성되어 있다.

봉래헌은 2003년 호텔 오픈과 함께 문을 열었지만, 낙원은 호텔이 생기기 훨씬 전인 1983년 이종문 메이필드호텔 대표의 선대가 운영하던 인기 식당으로, 메이필드호텔 설립의 발판이 됐다. 봉래헌과 낙원이 서울시가 선정한 '2007 서울의 자랑스러운 한국음식점'으로 선정되었다. "한식당은 질 좋은 국산 식자재 사용이 필수라 비용이 많이 들고 다른 식당에 비해 조리시간이 긴데다 상차림 그릇 수가 많아 인건비가 많이 든다."라며 특급호텔에서 사라져 가는 한식당 중에서 꾸준한 신장세를 보이고 있다.

왼쪽_ 동선에 전돌을 깔아 이동을 쉽게 하고
마당 가운데는 장방형의 연못을 만들어 심리적 안정을 취하도록 했다.
오른쪽_ 한옥이 토석담 밑에 피어 있는 야생화와 어우러져
더욱 멋진 모습을 자아낸다.

봉래헌은 경복궁 복원에 참여한 이일구 대목이 2년여에 걸쳐 완성한 왼쪽의 한 칸이 돌출된 ㄴ자형으로 철 못을 전혀 사용하지 않고 전통한옥 건축양식인 '짜맞춤 기법'만으로 지어졌다. 봉래헌은 호텔 내 도로에서 낙원가든을 접어드는 대문인 사주문을 지나 중문을 거쳐 본채에 이르는 구조이다.

봉래헌은 겹처마 팔작지붕 오량가로 격식 있는 궁궐 건물에서나 보이는 세벌대 기단과 천장을 높여 광창를 설치하고 측면의 간살이도 넓은 2칸으로 긴 대들보는 목재가 쉽게 구해지지 않아 옹이 없고 나뭇결이 곧은 북미산 더글러스를 사용하고 나머지 부재는 강원 정선의 숲에서 자란 원목을 골라 1년 동안 건조해 사용했다. 세벌대의 기단 위에는 전돌을 깔고 초석은 사다리형초석으로 하고 그 위에 사각기둥을 세웠다. 하방의 아래쪽은 초석 높이만큼 고막이벽을 검은 벽돌을 쌓아 내민 줄눈으로 입체감을 주고 간살이의 머름을 높게 하여 세살분합문을 설치했다. 그 위에는 빗살의 광창을 설치하여 한지를 바른 세살창은 통풍도 좋고 부드러운 햇빛의 여유로움도 만끽할 수 있는 곳으로 한국 전통 주거공간에서 풍기는 멋까지 한 번에 느낄 수 있게 해주는 곳이다.

1 날개채의 끝 칸은 계자난간을 둘러 누마루의 형식을 취했다.
2 세벌대의 기단 위에 전돌을 깔고 초석은 사다리형초석으로 하고 그 위에 사각기둥을 세웠다.
3 봉래헌은 겹처마 팔작지붕 오량가로 격식 있는 궁궐 건물에서나 보이는 세벌대 기단과 천장을 높여 광창를 설치했다.

출입구에 모양을 낸 낙양 사이로 계자난간을 한 누마루가 보인다.

1

2

3

1 고막이벽을 검은 벽돌을 쌓아
내민 줄눈으로 입체감을 주고 간살이의
머름을 높게 하고 세살분합문을 설치했다.
2 날개채의 후면으로 서까래와 부연,
막새기와로 마무리한 처마선이 정연하다
3 계자난간에 걸린 청사초롱이 경사스런
날을 알리는 듯하다.
4 ㄴ자형으로 꺾이는 부분에 덧달아 낸
맞배지붕의 출입구 뒤로 메인홀이 위치한다.
5 홀에 걸린 가야금과 곳곳에 유기그릇과
반상이 장식품으로 놓여 있다.
6 메인홀 오른쪽에 정면 4칸, 측면 1칸 반의
홀과 왼쪽에 정면 2칸, 측면 2칸의 홀을 두고
뒤로 부속건물을 배치했다.
7 바닥에는 우물마루 모양의 중보행용
PVC바닥재를 깔고 천장은 우물천장으로 했다.

봉래헌의 평면은 정면 8칸 반, 측면 2칸에 정면 4칸, 측면 2칸 반의 왼쪽 날개채가 이어진 구조이다. 왼쪽 날개채는 한 단 높여 중앙에 복도를 내고 좌우측에 각각 2개의 별실과 2칸에 미서기로 가변형의 별실을 2개 만들고 끝 칸은 계자난간을 둘러 누마루의 형식을 취했다. ㄴ자형으로 꺾이는 부분에 덧달아 낸 맞배지붕의 출입구 뒤로 메인홀이 있고 오른쪽에 정면 4칸, 측면 1칸 반의 홀과 왼쪽에 정면 2칸, 측면 2칸의 홀을 두고 뒤로 부속건물을 배치했다.

'봉래헌'은 고유 전통 수종의 야생화들로 감수성을 들인 한국 전통정원의 아름다움도 볼 수 있는 곳이다. 토석담 옆으로 탱자나무로 만들어진 생울이 눈에 띄고, 출입구에 모양을 낸 낙양 사이로 방형의 연못도 마당 가운데에 만들어져 있다. 또한, 석등과 괴석의 여러 가지 석물과 봉래헌의 뒤편으로 장독대까지 한국 전통정원의 모습 그대로다. 볼거리는 또 있다. 각 방에는 신사임당 그림의 낮은 병풍과 윤선도 그림의 가리개, 홀에 걸린 가야금과 곳곳에 유기그릇과 반상이 장식품으로 놓여 있다. 또 음식이 담겨 나오는 구절판 그릇과 죽 그릇들은 무형문화재 이봉주 선생이 직접 제작한 유기다.

4

5

6

7

'대장금'과 '식객'의 배경이 됐던 봉래헌

TV 인기드라마 '대장금'과 '식객'의 배경이 됐던 '봉래헌'의 음식은 화학조미료를 전혀 사용하지 않고 심심한 듯 간을 맞춘 서울·경기 지방 조리법에 근간을 둔 궁중음식을 기본으로 한다. '대장금'에 등장했던 요리들로 구성된 '수라상 상차림'은 타락죽과 순무물김치, 홍시 죽순채, 무화과 꽂쌈, 세 가지 전유화, 삼합장과, 궁중 신선로, 너비아니 구이, 기본 찬, 대나무 통밥과 된장조치, 생란과 수정과, 신선한 과일로 구성된다.

봉래헌은 고유한 전통의 맛뿐 아니라 한국 전통주거공간에서 풍기는 멋까지 한 번에 느낄 수 있게 해주는 곳으로 공항 옆에 있는 지리적인 특성 때문에 외국손님이 많은 봉래헌은 전통 한옥에서 전통 자기 그릇에 자연을 담아낸 담백한 한식으로 한국의 전통문화 전도사로서의 역할을 다할 것이다.

1 윤선도 그림이 붙어 있는 낮은 칸막이로 공간을 분할했다. 아亞자 모양의 용자살과 세살분합문 그리고 빗살 광창에서 흐르는 은은한 빛이 간접조명과 어우러진 양명한 공간이다.
2 왼쪽 날개채는 한 단 높여 중앙에 복도를 내고 좌·우측에 각각 2개의 별실과 2칸에 미서기로 가변형의 별실을 2개 만들었다.
3,4 2칸의 별실로 칸 사이에 미서기문을 설치하여 고객의 수에 맞게 공간을 가변형으로 이용할 수 있는 열린 공간이다.
5 4인석 다이닝룸 내부 모습이다.

1 봉래헌은 호텔 내 도로에서 낙원가든을 드나드는 대문인 사주문을 지나 왼쪽의 중문을 거쳐 본채에 이르는 구조이다.
2 봉래헌은 왼쪽의 한 칸이 돌출된 ㄴ자형으로 철못을 전혀 사용하지 않고 전통 한옥 건축양식인 '짜맞춤 기법'만으로 지어졌다.
3 귓기둥의 추녀와 사래 모습.
정면 8칸 반, 측면 2칸에 정면 4칸, 측면 2칸 반의 왼쪽 날개채가 이어진 겹처마 소로수장집이다.
4 낙원가든에서 봉래헌을 드나드는 일각문인 중문으로 연자방아와 석물을 배치하고 전통 수종의 야생화로 조경을 꾸몄다.
5 측면에 토석담 사이로 협문을 내었다.
6 지형에 맞춰 두 단의 석축을 쌓고 그 위 담 하부는 방형에 가까운 제법 큰 자연석을 사용하여 돌을 놓고 와편담장을 쌓았다.

식당
공간
04

도심 속 풀향기

풀향기

서울시
강남구 삼성동
152-60

삼성동은 코엑스라는 거대 상권을 중심으로 크고 작은 집단과 개인의 만남으로 역동성을 만들어 가고 있는 곳으로 현대화된 거대한 공간 속에 진흙 속의 진주같이 도심 속에 고향의 향기를 느끼게 하는 전통한식당 풀향기가 있다.

풀향기 건물의 외형은 전체 정면 8칸 반, 측면 2칸 반에 정면 3칸 반, 측면 3칸 반을 연이은 ㄴ자형의 평면으로 1·2층 원기둥을 한 겹처마의 물익공 이층집이다. 지붕 좌측의 날개는 팔작지붕으로 하고 우측 날개는 맞배지붕으로 했다. 본채 우측에는 팔각형의 2층 정자로 만들고 2층에는 계자난간을 둘러 본채와 연결했다.

왼쪽_ 1층에는 안내데스크와 각 실을 두었다. 실내에 막새기와를 이용하여 새로운 맛을 내고 있다.
오른쪽_ 서울 도심 한가운데에 한옥의 모습을 갖춘 건축물이 있다는 것만으로도 위안이 되고 흐뭇하다. 서울에서도 번화한 곳에 있는 전문한식당 풀향기는 웅장하면서도 위엄이 보인다.

철골구조의 2층 한옥

풀향기의 구조는 철골빔으로 구조물을 만들고 나무를 덧대는 방식으로 '2층 한옥'의 외형을 갖추었다. 간살이에는 팔각형의 문양을 넣은 불발기창 형태의 우리판문을 설치하고 벽체는 황토로 스타코 처리를 했다. 외형상으로는 전통 가구기법을 그대로 사용하여 전통한옥의 모습을 잘 갖추었다. 지붕골이 겹치는 부분에 대문을 만들고, 1층에는 안내데스크와 각 실을 두었다. 2층의 오른쪽 날개채는 4평주 칠량가로 좌·우의 툇마루가 회랑처럼 디자인된 통로로 집중되는 끝자락에 공연할 수 있는 무대를 열었다. 툇마루에는 고객 중 외국인이 많은 것을 고려하여 왼쪽은 입식으로 우측에는 좌식으로 배치하고 통로의 동선은 우물마루를 깔고 천장은 서까래가 노출된 연등천장으로 하여 개방감을 높였다. 천장등은 전통미를 살려 방패연등을 설치하고, 2층의 왼쪽 날개채는 단체 손님을 받을 수 있는 실로 꾸몄다. 2층으로 오르는 계단 옆으로 십이지신상을 설치하고 기와와 석물을 적절히 배치하여 조경에도 세심한 노력의 흔적이 보인다.

풀향기는 철골빔구조의 품격 있는 한옥이다. 철골빔구조의 장점은 나무의 두께나 길이에 제한을 받지 않는다는 점이다. 넓은 공간을 구성하는 방법이나 천장의 높이 조정도 자유롭다. 철의 장점은 곡면의 구성이 쉽고 인장력이 강해 길게 노출할 수도 있어 공간구성이 자유롭다. 풀향기의 외형과 내부장식은 주인의 높은 안목으로 만들어낸 뛰어난 작품이다. 주인의 마음을 읽을 수 있는 풀향기 홈페이지의 내용을 소개한다.

1 간살이는 팔각형의 문양을 넣은 불발기창 형태의
우리판문을 설치하고 벽체는 황토로 스타코 처리를 했다.
2 지붕이 서로 만나는 지붕골의 사선으로 지붕을 덧대어 대문을 만들었다.
3 팔각형의 2층 정자에서 바라본 모습.
정자 2층에는 계자난간을 둘러 본채와 연결했다.

가마와 옻칠목기 등 전통 소품을 적절히 배치하고 2층으로 오르는 계단 옆으로는 십이지신상으로 공간을 연출했다.

Slow-food의 여유로움

풀향기에는 '여유'가 있습니다. 우리 민족은 본래 Slow-food 민족이었습니다. 임금님의 수라상 음식은 조금씩 천천히 오래 즐기는 것이었습니다. 그것이 건강을 생각하는 것이었고, 포만감을 느껴서 식사를 느긋하게 즐겼던 것입니다. 세상과는 약간 떨어져서 넉넉함을, 잃어버린 여유를 되찾아 드리고자 하는 공간이고자 합니다. 도심 한복판에 있으면서도 세상과는 유리되어 동떨어진 조용하고 차분하며 고즈넉함을 선사해 드리고자 합니다. 이것이야말로 풀향기에서 드릴 수 있는 '여유로움'입니다.

풀향기에서는 '전통'을 만나실 수 있습니다. 풀향기에서는 전통의 방식으로 만들어낸 옻칠목기를 사용합니다. 옻칠은 나무를 부패하지 않게 하고, 음식 보관을 해도 상하지가 않으며, 수분으로 말미암아 목기가 상하는 것을 보호하며, 벌레를 먹지 않게 하고 시간이 지나면 지날수록 더욱 단단하게 해주며 인체에 전혀 무해한 천연 방염처리 방법입니다. 바라보면 바라볼수록 깊이 있고 무게감을 더해주는 품격 있는 빛을 발하며 오래 사용하면 사용할수록 진중함이 묻어나는 목기의 그 빛깔 또한 요리를 음미하는 데 있어서 눈의 즐거움까지 선사하고 있습니다.

한옥식당으로서의 정체성과 한옥의 장점을 살려서 지은 새로운 형태의 한옥이다. 전통한옥의 아름다움과 현대적인 공법으로 지어진 새로운 한옥이다. 도심 한복판에 자리 잡은 낮은 건물의 한옥. 철골구조로 지어졌다는 생각이 전혀 들지 않을 만큼 외장 처리와 신경을 많이 썼다. 현대식 공법으로도 얼마든지 튼튼하고 실용적으로 한옥을 지을 수 있다는 증거이다. 상업공간은 편리성과 실용성을 함께 가지고 있어야 하며 내구성도 요구된다. 풀향기의 건축구조는 전통한옥이 가진 약점을 보완하는 방법의 하나로 채용할 만하다. 외형은 우리의 한옥을 그대로 보여주면서 내부구조는 현대건축의 견고성을 채용한 점이다.

1 회랑처럼 디자인된 통로 끝자락에 공연할 수 있는 무대를 열었다.
2 2층의 오른쪽 날개채는 4평주 칠량가로
좌우의 툇마루가 회랑처럼 디자인된 통로로 집중된다.
3 툇마루에는 고객 중 외국인이 많은 것을 고려하여
왼쪽은 입식으로 했다. 벽 쪽으로 각종 장과 농, 책장, 반닫이, 소반 등
다양한 전통가구가 진열되어 있다.
4 단체석으로 천장은 서까래가 노출된 연등천장으로 하여
개방감을 높이고, 천장등은 전통미를 살려 방패연등을 설치했다.
5 2층의 왼쪽 날개채는 단체 손님을 받을 수 있는 실로 꾸몄다.
나무와 흙의 만남이 조화를 이룬다.
전통가구와 액자의 그림까지도 고풍을 더하고 낮은 테이블의 자재 또한
부드러운 나뭇결을 보여준다.
6 2층의 다이닝룸. 서까래 사이도 황토로 마감해 질감이 부드럽다.
7 12인석의 다이닝룸이다. 벽에는 황토를 바르고
배기장치에도 황토를 발라 토속적인 느낌을 풍긴다. 서까래의 연결기법은
전통기법을 따르지 않았음에도 천정이 주는 느낌은 전통미가 있다.

5

6

7

식당
공간
05

전통적인 맛과 멋의 현대화

수라온

서울시
서초구 반포동
118-3

전통과 현대의 만남

'한옥은 어디로 가고 있는가.'라고 물으면 답이 쉽게 나오지 않는다. 한옥이 나아갈 방향이 전통의 고수인가, 역동적인 창조인가. 한옥은 어디까지 진화할 수 있고, 변화할 수 있는가를 생각해 본다. 그 단초를 제공해주는 곳이 있다. 수라온이다. 아름다움은 변하지 않는 것에서도 오고, 변하는 새로운 독창성에서도 온다. 수라온은 내부적인 변화와 외부적인 변화의 수용이 돋보인다. 내부적인 변화로는 일반 백성들은 수용할 수 없었고 궁중에서만 가능했던 한옥의 고품격과 서민적인 한옥의 품격이 서로 어우러졌다는 점이고, 외부적인 변화로는 현대적인 감각과 전통적인 요소를 접목했다는 점이다. 서로 배척할 것 같은 이 두 요소는 묘하게 상생효과를 낳는다. 한국적인 아름다움의 특징은 어떤 곳에서도 도드라지지 않는 물과 같은 수용성에 있는데 수라온에서 그것을 확인할 수 있다. 현대와 전통과의 만남이 아주 자연스러우면서도 고품격으로 와 닿으니 변화는 무죄라는 것을 보여준 것이다. 예를 들어, 전통가옥에서 흔히 남은 기와를 벽체나 담의 일부로 사용하거나 장식용으로 사용하기도 했는데, 수라온에서 와편을 이용한 벽체의 장식은 정말 세밀한 아름다움을 선사한다. 우물반자를 왕이 앉는 용상에 쓰이던 용으로 장식해 최상의 품격을 갖추고 있다. 절정의 전통적인 아름다움을 현대적인 감각과 융합해 한껏 멋의 상승곡선을 그리고 있다.

1층에는 국악공연장이 있는 극장식 한식당이다.
화강암으로 된 댓돌과 왕이 앉은 자리 뒤에 놓이는 병풍이다.
손님을 최고의 대우로 모시겠다는 상징이기도 하다.

창덕궁을 주제로 한 극장식 한식당

놀부관계자는 "국내 최대 규모의 극장식 한정식전문점이었던 '놀부명가'를 보다 고급화시키기 위해 리뉴얼을 시작했고, 최고급 한정식 코스요리를 개발해 '수라온'이라는 새로운 브랜드로 탄생하게 됐다"고 소개했다.

수라온은 임금님 전통 밥상인 '수라'와 '즐거움'이라는 뜻을 담고 있는 순수 우리말 '라온'이 합쳐진 것으로 '최고의 한식 음식과 서비스로 고객님께 최고의 맛과 즐거움을 드리겠다'는 의미를 담고 있다. 한국의 맛과 전통의 미를 새롭게 재구성한 한정식전문점 수라온은 500평에 250석 규모를 갖추고 다양한 크기에 고풍스러움과 모던함을 갖춘 총 24개실이 완비되어 있다. 1층에는 창덕궁을 주제로 20여 평의 국악공연장이 있는 극장식 한식당으로 한국적인 인테리어와 한상차림의 메뉴구성으로 대중적인 한정식을 지향하고 있다. 2층은 전통과 현대가 공존하는 듯한 인테리어가 어우러져 세련되고 감각적인 분위기를 뿜어내고 있으며, 총 13개의 주제로 한 방과 친환경 꾸밈으로 마무리했다. 느티나무 오브제로 꾸며진 복도를 따라 전시된 토기와 각종 문화재자기들, 그리고 항아리가 옹기종기 모여 있는 장독대 등은 고급스런 한국의 미를 한껏 자아내게 한다. 화려한 단청무늬의 천장과 고운 빛깔의 나비로 장식된 수라방, 수백송이 장미꽃들로 장식된 예실 등 방 마다 각각 색다른 테마로 장식되어 있으며, 점포 내 구석구석 놓여 있는 소품들은 옛 정취의 분위기를 그대로 재현하고 있다. 왕실의 일부를 옮겨 놓은 듯한 전통공간에서 한국 음식을 맛을 볼 수 있는 곳이다.

수라온은 전통혼례 예식장으로도 큰 장점을 갖추고 있는데 전통혼례와 함께하는 전통무용과 국악공연, 음식도 우리 전통의 "한상차림"이라는 독특한 우리 먹거리 문화를 제공하는 것이 장점이다.

1 놀부와 놀부 부인이 재미있는 모습으로 손님을 맞이하는 수라온 입구.
수라온은 국내 최고 한정식을 일컫는 임금님의 전통 밥상인 '수라'와 즐거움이란
순수 우리말인 '라온'의 합성어다.
2 현대식 공연장 위는 단순하면서도 반복적인 빗살문양의 칸막이로 전통미를 살렸다.
3 전통문화공연은 합주를 비롯한 화관무, 가야금 병창, 부채춤, 판소리, 아리랑 등
다양한 공연이 진행된다. 현대적인 멋과 전통적인 멋이 만나면 어울리지 않을 듯한데
우리 전통의 멋은 가장 현대적인 곳에도 잘 어울린다.

1 홀웨이(Hall Way) 공간으로 동선과 영역을 구분 짓는 기능을 담당한다.
도시 한가운데 있고 빌딩 안에 있는 식당이라서 전체를 전통으로 꾸미기에는 한계가 있다. 전통의 현대적인 수용이라고 할 수 있다.
2 공연을 보면서 음식을 즐길 수 있는 4인석 다이닝룸이다.
3 한국의 맛과 전통의 미를 새롭게 재구성한 한정식전문점 수라온은 500평에 250석 규모를 갖추고 있다.

임금님의 밥상을 테마로 하여 건강, 맛, 모양까지 생각한 산해진미의 메뉴를 코스로 즐길 수 있다. 싱싱한 야채를 형형색색의 전병으로 감싼 '무화과 쌈', 오렌지, 사과 등 과일과 백김치가 앙상블을 이루는 '과일 백김치', 빨간 새우를 싱싱한 참치살로 감싸 찐 '어만두', 송이와 갈비가 어울려 깊은 맛을 내는 '갈비구이' 등 다양한 요리부터 찹쌀전병에 팥 앙금을 넣어서 한입에 음미하는 '찹쌀 부꾸미'와 2색 과일, 그윽한 향의 모과차가 입안을 상쾌하게 해주는 후식까지 한국고유의 멋을 살리고 있다. 전통문화공연은 합주를 비롯한 화관무, 가야금 병창, 부채춤, 판소리, 아리랑 등 다양한 공연이 진행된다.

전통적인 맛과 멋의 현대화를 테마로 하는 친환경 인테리어와 분위기에 걸맞은 고급 코스 요리, 각종 공연 및 문화체험으로 외국 비즈니스 고객은 물론 기업행사, 각종 상견례 등이 활발하게 이루어지고 있다.

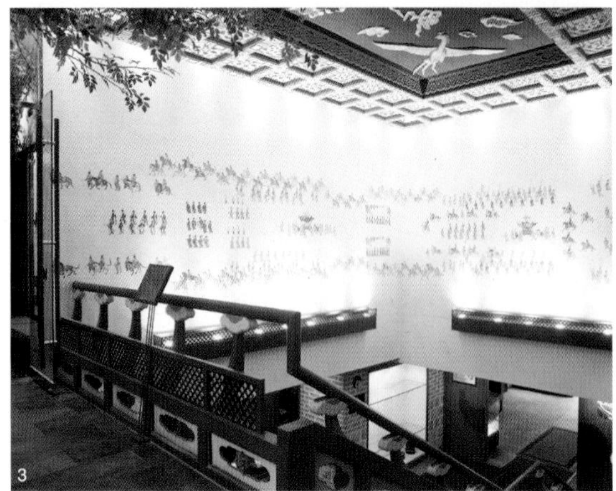

1 안내데스크가 있는 홀의 모습이다.
벽은 사고석담장을 하고 계단은 계자난간을 둘렀다.
2 풍혈을 뚫은 난간청판에 계자난간을 해
누로 오르는 계단으로 형상화했다.
3 중정의 벽에는 궁중의 행차 장면을 그린
가례도감의궤 그림의 벽지로 마감했다.
4 천장은 우물반자에 그려진 화려한 단청무늬인 반자초이다.
반자초는 연화가 일반적으로 많이 그려지며
궁궐에서는 용과 봉황이 그려지기도 한다. 두 마리의
봉황이 날고 있다.

마을 입구에 있는 노거수를 연상케 하는 나무 오브제로 시원한 나무그늘이 있는 정자에 오르는 느낌이 든다.

1 다양한 크기에 고풍스러움과 모던함을 갖춘
총 24개실이 완비되어 있다.
2 빗살 미서기문과 천장의 우물반자, 낮은 병풍의
몇몇 전통요소가 현대적 감각의 실내장식과
어우러져 감각적인 분위기를 연출했다.
3 실과 실 사이에 접이문을 설치하여 가변형의
열린 공간을 만들었다.
4 내부 벽은 와편기와로 구성미를 살리고
장식품들은 우리의 전통적인 생활기구와 도자기로 꾸몄다.
소줏고리와 장구로 의자를 대신한 재치가 눈에 띈다.

화장실 입구로 사고석담장과 석부작으로 전통미를 살렸다. 사고석담장은 사괴석을 벽돌 쌓듯이 쌓는 것으로 줄눈은 내민줄눈으로 한다.
밑에는 장대석을 놓고 그 위로 이괴석을 놓고 상부는 사괴석을 쌓아 시각적인 안정감을 주었다.

왼쪽_ 시골의 장독대를 연상시킬 수 있도록 항아리들을 모아 놓았다. 구석구석 놓여 있는 소품들은 옛 정취의 분위기를 그대로 재현하고 있다.
오른쪽_ 건물 외부에는 전통문양의 갓등과 와편을 쌓은 조형미, 만살로 실외장식 한 디테일에 전통미를 더한 현대적인 적용이 빛난다.

식당
공간
06

한국적인 서정성을 담은 공간

청국

서울시
강남구 삼성동
109-8

청국장을 이용한 건강 식이요법으로 암을 극복한 홍영재 원장은 『암을 넘어 100세까지』의 저자이며 산부인과 의사로 '청국淸麴'이란 청국장 자연식전문점을 개업했다.

PROJECT SUMMARY

위치
서울시 강남구 삼성동 109-8

면적
1층_ 171m^2, 2층_ 146m^2

마감
천장_ 착색한지, 벽지
벽체_ 컬러모르타르, 코르텐강판, 착색한지, 육송우드블럭, 타일, 벽지
바닥_ 우레탄코팅, 고재, P-TILE

설계
디자이너 Designer_ 김부곤 KIM BOO GON

사무소명 Design Office
코어핸즈(주) COREhands
Tel_ 02-396-2845
www.corehands.com

시공
사무소명 Design Office_ KNI DESIGN

사진
정태호 건축가 제공

외부에서 바라본 야경. 한식기와의 낮은 담과 삼베로 기하학적 구성의 조각보를 만들어 커튼으로 활용한 은은한 전통미가 돋보인다.

정면에서 바라본 야경으로 물결무늬의 전면과 온화한 내부가 조화롭다.

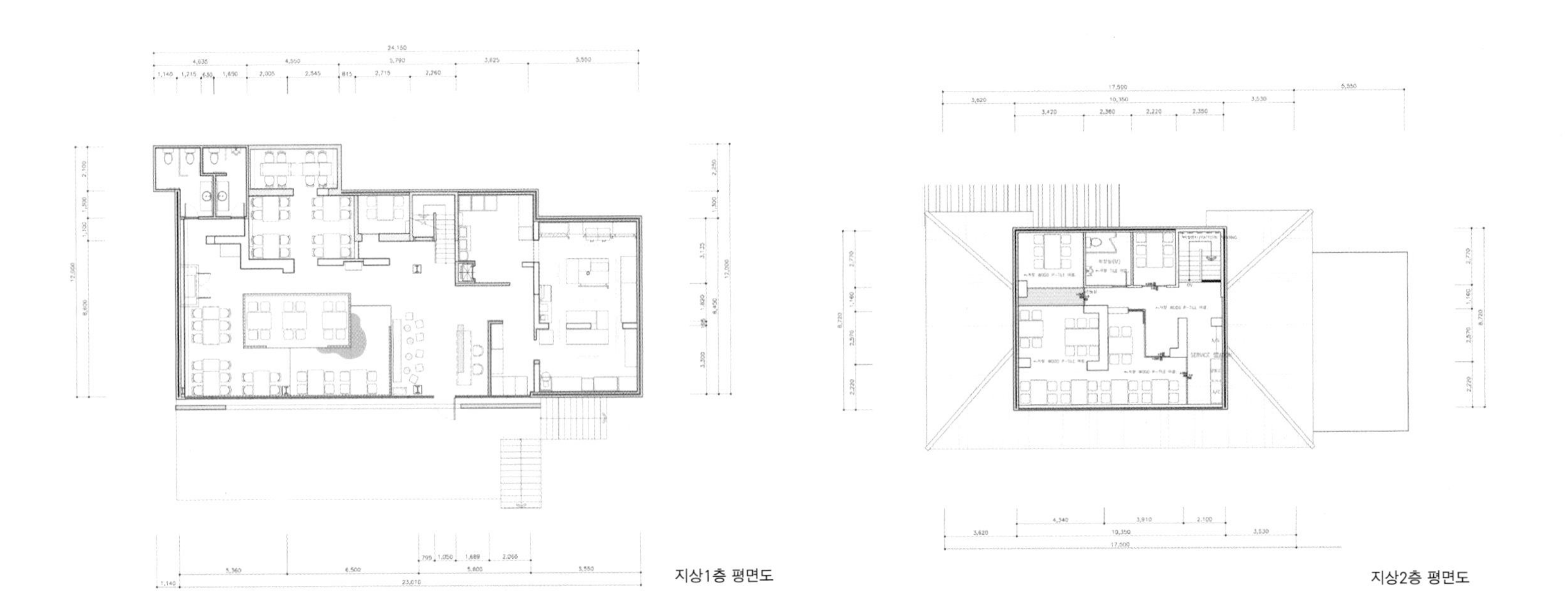

지상1층 평면도

지상2층 평면도

자연, 공간, 사람이 소통하는 설계개념

물질에서 정신으로,
장식과 채움에서 빈 공간과 여백의 아름다움으로,
도전과 수직의 관계에서 순응과 수평의 조화로,
흙과 나무를 사랑하고,
수천 년 동안 지속한 대칭 관념의 굴레를 벗어버리고,
열린 구조를 통해,
자연과 공간, 공간과 공간, 공간과 사람이 서로 어우러져
서로 소통을 하며, 여유로움과 융통성이 있는 곳
조상신도, 지신도, 칠성신도 모시고,
그래서 혼자보다는 더불어 살아야 한다는 지혜가 있는
그곳, 한국의 집에,
질그릇처럼 순박함을 지닌 아름다운 사람들이 살았다

한 편의 시에 함축된 설계 개념처럼 디자이너는 한옥의 비대칭적이고 비정형적인 다양성, 비울수록 여유가 생기는 여백의 미, 막힘없이 자연과 소통하는 열린 공간의 개념을 도입하여 이 프로젝트에서 잃어버린 한국성을 되찾고, 현대공간 속에 한국의 전통공간이 지닌 정신을 되살리는 노력은 지속하여야 한다고 믿고 있다. 이 주제는 앞으로도 디자이너의 작업에 중요한 모티브가 될 것이다.

정자 밑으로 연못을 만들고 수생식물인 부레옥잠과 물배추를 키우고 있다.
감수성이 있는 수공간은 어린 시절 멱을 감던 개울을 연상케 하여 동심에 빠져들게 한다.

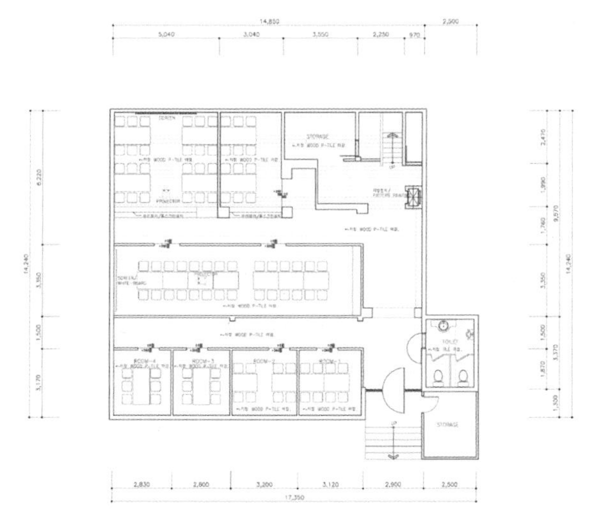

지하1층 평면도

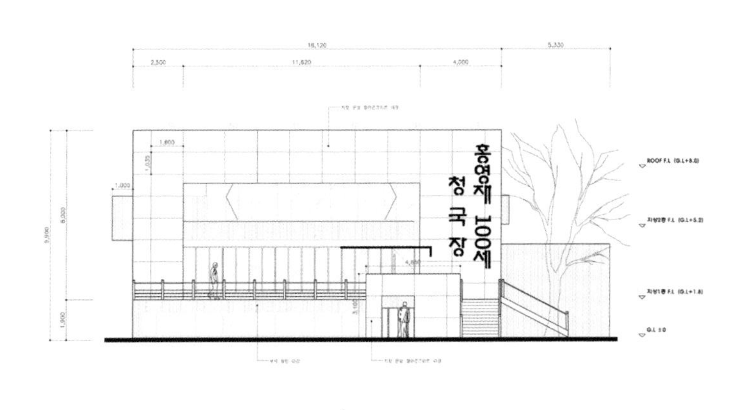

파사드

전통을 지키는 것만큼 중요한 것은 현재의 것과 교류에 의한 변화일 것이다. 자기 안에 내재하는 역사의 뿌리를 둔 미의식을 정립하여 새로운 시대에 통용되는 개념의 정립을 통해 현대적 건축으로 거듭나야 한다고 믿는다. 마치 학의 날갯짓과 같은 지붕을 가지고 산자락에 의지해 고즈넉이 자리를 잡은 한옥은 자연을 닮은 천연의 아름다움을 가졌다. 또한, 전통한옥은 사람의 몸을 기준으로 삼아 높이, 넓이, 창의 위치 등이 결정되어 아늑함을 느낄 수 있고 적절한 기의 순환을 도와준다. 소재 역시 흙, 나무, 돌 등 자연으로 돌아가는 천연의 재료만을 사용한다. 이러한 전통한옥에는 산수에서 느껴지는 고요함이 있다. 이러한 고요함은 현대 건축에서 다시 재현해야 할 미의식이다. 현대화된 주거에서는 잊힌 부분이기도 하다. 자연과 동화된 고요야말로 현대사회에서 찾고 있는 참살이의 또 다른 해답이 될 것이라고 확신한다.

청국의 건물 외관은 전체의 인상을 단적으로 나타내는 전면을 콘크리트벽에 물결무늬를 장식적粧飾的으로 다루어 육필의 사인과 어울려 수직의 관계를 부드럽고 자연스럽게 처리하였다. 실내는 다양한 소재로 전통미를 살려 고유의 멋을 내었다. 세월이 묻어나는 고재를 기본소재로 공간을

나누어 정자와 탁자를 배치하고 고색이 묻어나는 암키와와 수키와로 부분적으로 엇갈리게 낮은 담을 쌓아 실내장식 요소로 활용했다. 유리 통창에는 삼베로 기하학적 구성의 조각보를 만들어 커튼으로 활용하고 있는데 삼베는 고조선 때부터 의구나 침구로 쓰이던 재료로 자외선을 차단하고 항균성과 항독성 등 기능성도 갖고 있다. 부레옥잠과 물배추가 자라고 있는 수공간은 어린 시절 멱을 감던 개울을 연상케 하여 동심에 빠져들게 한다. 이런 요소들은 한국인의 정서에 녹아 있어 청국을 서정성을 담는 공간으로 더욱 돋보이게 하고 있다.

1 세월이 묻어나는 고재를 기본소재로 공간을 나누어 정자와 탁자를 배치하고 한국인의 정서에 녹아 있는 삼베로 칸막이하고 한식기와의 암키와와 수키와로 엇갈리게 낮은 담을 쌓아 실내장식 요소로 활용했다.
2 전통과 현대가 교류하는 전이공간이다.
3 연못에 발을 담그고 있는 정자를 연상케 한다.
은은한 삼베 칸막이가 둘러 있어 베일에 싸인 신비감마저 돈다.

1 전통 문양의 착색한지 방에 세살 쌍창을 달고 바닥은 고재로 우물마루를 깔았다.
2 항아리 뚜껑에 놓인 전통 야생화인 마삭줄과 오층장 고가구도
전체를 조화롭게 하는 장식요소로 쓰였다.
3 고재로 만든 정자, 연못, 전통기와 담이 삼베의 칸막이와 어우러져 예스럽다.

전통도 살리고 건강도 챙기는 청국

청국은 청국장을 이용한 코스 요리로 건강 식단을 제공하고 있다. 콩은 콜레스테롤에 강력한 항산화체로 작용하여 혈관에 플라크가 축적되는 것을 막는다. 하루에 일정량의 콩 단백질을 섭취하면 천연 에스트로겐이 포함되어서 남성의 전립선암도 예방하고 뼈의 노화도 예방할 수 있다. 콩은 항암제, 간 기능 향상, 숙취 해독, 면역력 강화 및 노화방지 식품으로 혈액과 혈관을 좋게 하고 인체에 해로운 균을 제거하고 유익한 균은 생성하며 암 유발하는 원인이 되는 돌연변이 세포를 죽이는 면역세포의 활성화를 촉진한다.

한식당 청국에 "Fast food, fast life", "Slow food, slow life"라는 표어가 있다. '오래 살려면 게으름을 피워라, 생물학적 게으름의 원칙을 실천하면 수명은 길어진다.'라는 뜻이 있다. 이곳의 철학처럼 전통도 살리고 건강도 챙기는 곳으로 자리매김하길 기대한다.

왼쪽_ 위층으로 오르는 계단. 물결무늬의 콘크리트벽과 코르텐강판이 대조를 이룬다.
오른쪽_ 디자인된 글씨체로 사인을 걸었다.

옷고름을 가지런히 한 한식당

노랑저고리

서울시
서초구 서초동
1316-29

노랑저고리는 현대적 도시 공간 안에 전통이라는 상반된 환경이 극적인 공간으로 연출된 한식당이다. 노랑저고리는 강남의 주요상권이 밀집해있는 곳으로 현대적인 색채가 강한 곳에 있다. 늘 번잡한 도시, 오전부터 오후 늦은 시간까지 발 들여놓을 틈 없이 북적되는 번화한 도시 한복판에 과거의 시간을 옮겨 놓은 듯한 공간이다. 이 공간은 빌딩숲 아래 땅을 딛고 있는 나지막한 한옥의 모습이 아니라 6층 건물의 꼭대기 층으로 도시 아래에서 고개를 들고 하늘과 함께 바라보아야만 볼 수 있는 공간이다.

PROJECT SUMMARY

위치
서울시 서초구 서초동 1316-29 타임빌딩 5층

발주
㈜이야기있는외식공간

면적
5층_ 333.3m^2(101py), 112석
중2층_ 48.8m^2(14.8py), 30석

마감
바닥_ 고재, 로드스톤
벽체_ 고재, 회벽
천장_ 고재, 한지, 루버

설계
㈜BK건축연구소_ 조병권
Tel_ 02-521-0028
e-mail_ bkdesign@naver.com

시공
최승환, 서민성
art painting_ 동숭아트 | 강치봉

사진
변종석_ 건축가 제공

바깥마당에는 높은 층높이와 개방된 도시의 전경을 차경으로 끌어들여 조망하면서 여유롭게 담소할 수 있는 곳으로 꾸몄다.

다양성과 여백의 미, 풍경작용을 끌어 들임

노랑저고리는 전통한옥의 다양성과 여백의 미, 종합적인 풍경작용을 끌어들인 곳이다. 규칙적이고 정형적인 형식을 대표하는 유럽양식은 르네상스이다. 반대로 불규칙적이고 비정형적이며 파격이나 변화를 추구하는 것은 바로크양식이다. 서양의 바로크양식에 해당하는 한옥은 자연의 다양성을 인정한 뒤에 적절히 대응한다. 안마당은 겹 구성의 공간적 특징이 드러난다. 마당의 적당한 거리에 의해 건너편 방에 대해 소통과 교류하고 싶은 마음을 불러일으킨다. 이런 여백의 미는 가득 차 있는 심리적 부담과 시각적 피로 같은 것에서 해방시켜주는 쉼의 미학이다. 이렇듯 노랑저고리의 안마당은 채와 채가 저만치 떨어져 서로 바라보는 관계 속에서 공간이 형성되고 동선을 중심으로 공간의 풍경작용이 종합적으로 벌어진다. 한옥 창문 속에 또 창문이 있고 그 밖에 풍경이 보인다. 안마당은 채와 채 사이에 중첩되는 공간이 만들어지고 소통의 길이 만들어진다. 이런 이유는 '중첩'이라는 한옥의 구조에 있고 이것은 의복, 음식, 대화법, 사람 사이의 관계 등 여러 곳에 나타난다. 현대화된 도심 속에서 실용적이고 기능적인 면에 익숙해져 있는 현대인에게 감각과 감성, 정서와 체화, 마음과 심리 등과 같은 경험적 정성적定性的 요소가 녹아 있는 전통한옥 실내장식은 오감을 자극하기에 충분하다.

1 마을의 심정적인 중심을 안마당 중심에 끌어들여 커다란 노거수를 형상화하였다.
2 안채의 쪽마루에서 바라본 모습으로 앞마당에는 나지막한 사고석담장이 동선을 따라 둘러 있다.
3 만살 문양의 다아크한 천장과 스포트라이트가 발산해 내는 은은한 빛이 닿은 내부 분위기가 조화롭다.

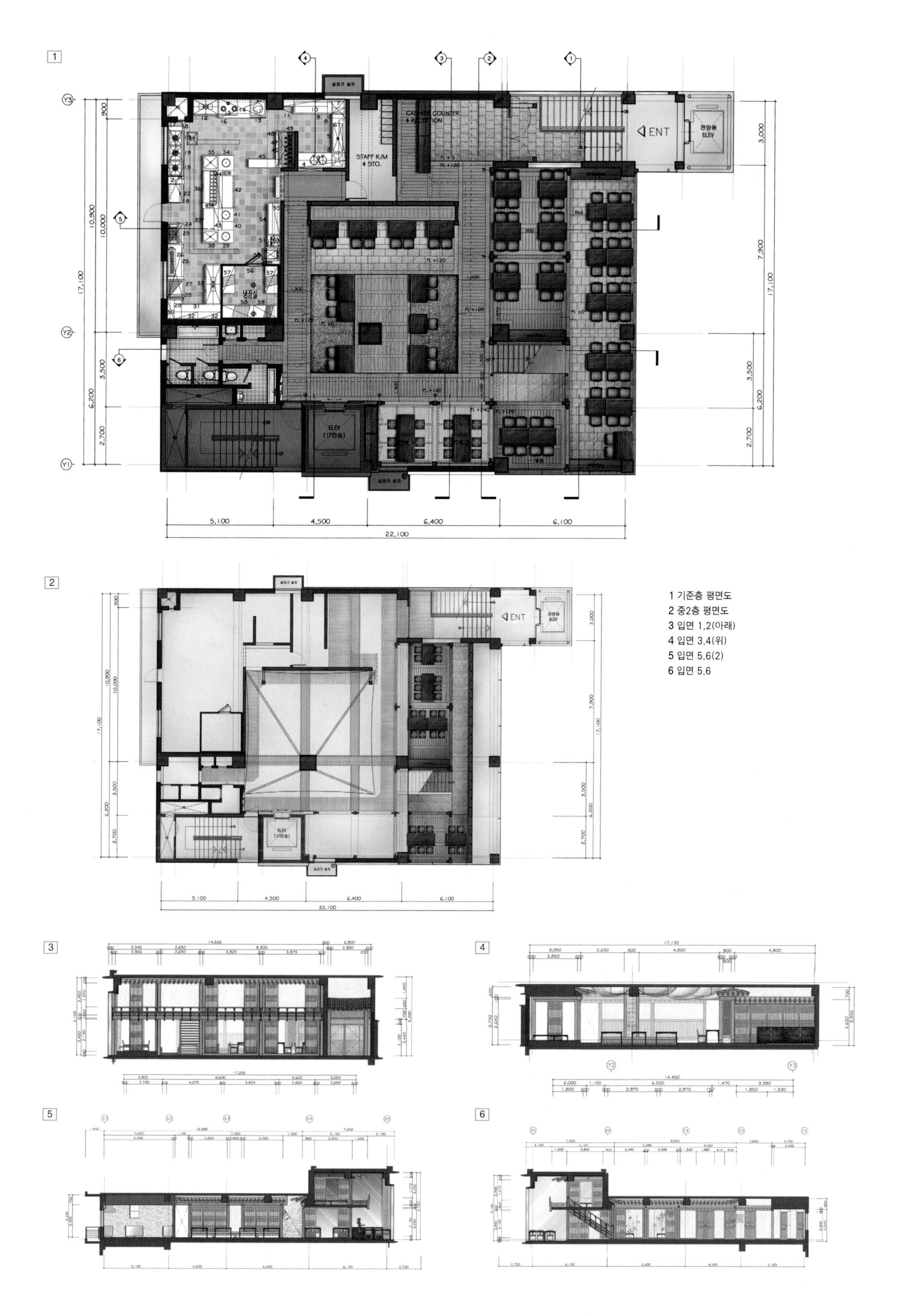

1 기준층 평면도
2 중2층 평면도
3 입면 1,2(아래)
4 입면 3,4(위)
5 입면 5,6(2)
6 입면 5,6

사대부가를 형상화한 공간

노랑저고리에서 그려지는 모습은 정겨운 사대부가의 풍경으로 앞마당에서는 잔치라도 벌어질 듯한 흥겨움과 바깥마당과 누마루에는 도시의 전경을 차경으로 끌어들여 조망하면서 여유롭게 담소할 수 있는 곳으로 한옥 정취를 느끼게 하는 곳이다.

도시를 아래로 하고 꼭대기 층에 다다르면, 전통의 색채로 외부와의 창을 드리고, 정갈하게 놓인 장독이 손님을 맞이한다. 사대부가의 첫인상을 알리듯, 높은 현판 밑 큰 대문이 활짝 열려 있고, 대문을 통한 내부에서는 옷고름을 가지런히 한 노랑저고리가 화사한 빛깔을 선보이며 길을 안내하고 있다. 내부로 들어가면 두 채의 ㄴ자형 한옥이 안마당을 감싸고 있는 튼ㅁ자형의 평면 구조이다. 마당에는 나지막한 사고석담장이 동선을 따라 둘려 있고, 담을 따라 들어가면, 곳간과 부엌이 위치하고 담 너머 앞마당에는 들마루가 크게 놓여 있다. 마을의 입구 쪽에는 사람들이 오가며 만나고 마을을 바라볼 수 있는 곳에 노거수가 위치하여 사람들이 모이는 중심이 되기도 한다. 서구사회처럼 물리적인 거리와 원의 중심인 곳에 교회가 들어서고 그곳이 중심인 것과는 다르다. 우리의 의식에는 물리적인 중심보다는 심정적인 중심을 중요하게 여기는 경향이 강하다. 노랑저고리는 심정적인 중심을 안마당 중심에 끌어들여 커다란 노거수를 형상화하고 실크로 감싼 거울이 채워져 있어 여러 가지 색채로 내부가 비친다.

1 사고석담장으로 장대석을 2단 놓고 사괴석을 4단 쌓았다. 그 위로는 벽돌을 쌓아 전체적으로 시각적인 안정감을 준다.
2 안채에 좌식으로 마련한 별실로 바닥은 각장판으로 하고 창호는 미서기 세살문과 시서화가 붙은 도듬문을 미서기로 했다.
3 대기공간으로 옷고름을 가지런히 한 노랑저고리가 화사한 빛깔을 선보이고 있다.

안채에 입식으로 마련한 별실.

마당을 지나 안채가 위치한다. 안채의 구성은 방과 방으로 입식과 좌식으로 구성되어 있다. 입식에서는 창 너머 바깥마당을 통해 나지막한 조경과 도심의 풍경을 볼 수 있다. 바깥마당에서는 높은 층 높이를 활용, 상부에는 누樓가 자리하고 있다. 누마루는 조선시대 사대부가의 문화와 사교의 중심장소로 노랑저고리 공간의 연계성을 부여했다. 안채 사이로 바깥마당으로 이어지는 동선과 누로 오르는 계단이 놓여 있어 계단은 또 다른 공간에 대한 호기심을 자극한다. 계단을 통해 오른 누에서는 늘 연회가 열릴 듯 열림과 닫힘의 다양한 공간으로 구성되어 있다. 전통이라는 소재가 자칫 따분하게 느껴질 수 있을지 모르지만, 노랑저고리는 여러 공간구성으로 다양한 시선의 즐거움을 느낄 수 있는 맛과 멋이 어우러진 전통공간으로 자리매김하고 있다.

1 안채의 ㄱ자로 꺾이는 부분에
누로 연결된 계단이 놓여 있어 또 다른 공간에 대한
호기심을 자극한다. 계단 밑에는 가마가 놓여 있다.
2 중2층에 계자난간을 두른 누樓다.
3 안채의 별실과 바깥마당 사이에 들어걸개문을
설치하여 개방감을 높이고 전통미가 있는 세살분합문을
실내장식 요소로 활용했다.
4 누에는 늘 연회가 열릴 듯 열림과 닫힘의
다양한 공간으로 구성되어 있다.
5 중2층 누에 쪽마루를 놓고 계자난간을 둘러
이동통로로 활용했다.
6 바닥은 로드스톤으로 자연미를 살리고
사고석담장 뒤편은 벽화로 단순함을 피했다.
7 진입부에 있는 대기공간이다.
8 노랑저고리는 강남의 주요상권이 밀집해있는 곳으로
현대적인 색채가 강한 곳에 있다.

식당
공간
08

古今고금, 한옥의 진화

한옥 레스토랑 누리

서울시
종로구 관훈동
84-12

글_ guga도시건축연구소 조정구 대표

'인사동'은 서울시 종로구 인사동 63번지에서 관훈동 136번지에 이르는 약 0.7km의 도로를 일컫는다. 1km도 되지 않는 짧은 거리지만, 적게는 3만여 명에서 많게는 10만여 명의 관광객이 찾는 우리나라의 대표 명소다. 이곳을 잘 아는 사람들은 좁은 골목길 안쪽으로 들어가기를 좋아한다. 꼬불꼬불한 골목길을 조금만 들어가면 화랑, 필방, 골동품점, 전통 찻집, 한복집, 떡집 등 도심 한가운데라고 믿기 어려운 옛 향수를 체험할 수 있기 때문이다.

원래 인사동은 청계천으로 흘러가는 개천을 끼고 마치 나뭇가지가 뻗듯이 난 골목길과 한옥들이 즐비했던 주거지였다. 하지만, 조선시대 권력을 누리던 세도가들이 몰락하면서 그 집에서 나온 도자기나 그림, 가구 같은 귀한 물품 등을 거래하는 가게가 이곳에 모여들기 시작하였고, 주변으로 전통 찻집과 음식점 그리고 화랑과 공예점들이 더해지면서 지금과 같은 전통문화의 거리로 자리 잡게 되었다.

PROJECT SUMMARY

위치
서울시 종로구 관훈동 84-12

면적
대지_ 147.68m²
건축_ 76.44m²
마당_ 31.40m²
연면적_ 76.44m²

구조 한식목구조(한옥)

마감
내장_ 벽지
외장_ 회벽
바닥_ 타일

설계 및 시공
guga 도시건축연구소
www.guga.co.kr
Tel_ 02-3789-3372

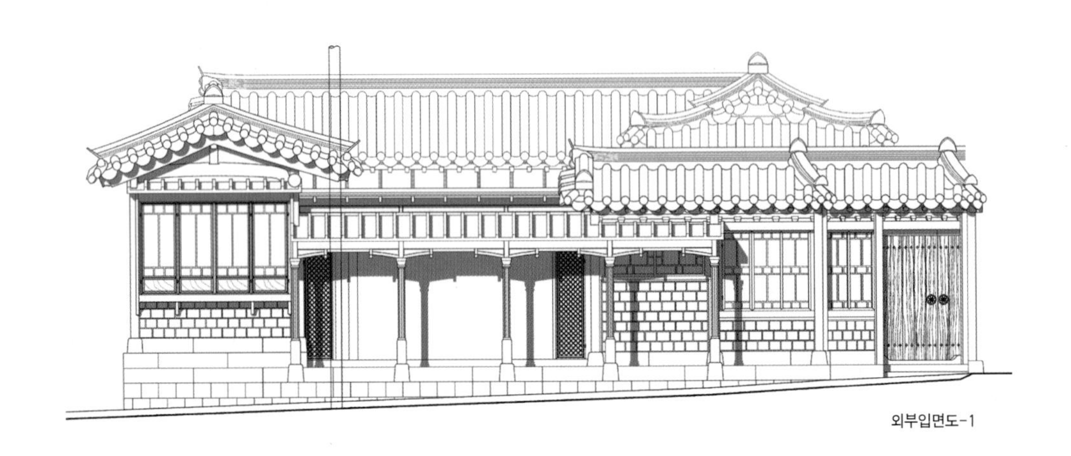

외부입면도-1

외부입면도-2

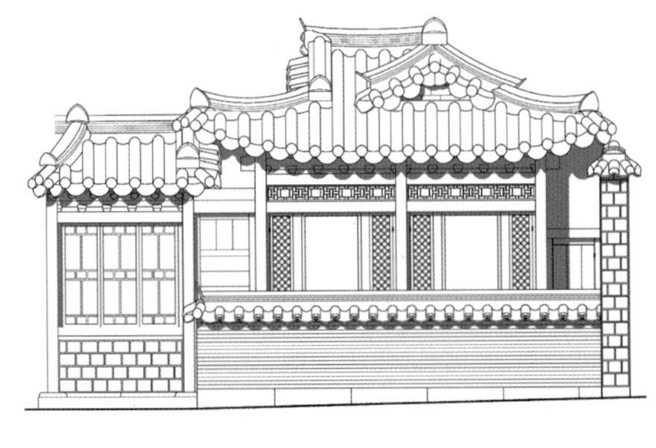

외부입면도-3

대문에서 안채를 바라본 모습으로 마당에는 판석을 깔았다.

작은 도시한옥 누리 레스토랑

누리는 바로 인사동 골목 한쪽 구석에 자리한 작은 한옥 레스토랑이다. 보통 한옥은 넓은 대지에 안채와 사랑채가 따로 놓이고 그 안팎으로 마당이 놓이지만, 이곳 누리는 좁은 대지에 콤팩트하게 자리 잡아야 했다. 이에 사랑채는 조그만 사랑방이 되어 안채와 한 몸이 되고, 거기에 조그만 마당이 딸린 독특한 구성으로 이뤄진다.

리노베이션을 하면서 고려했던 것들

누리를 실측하고 한옥 리노베이션을 시작하면서, 먼저 여기저기 붙었던 부분을 떼어내고, 원래의 공간들이 살아나도록 배려하였다. 안채와 문간채 사이에 주방을 없애서 안마당을 살리고, 주방은 구석 안방 자리에 놓아 양쪽으로 서비스할 수 있도록 했다. 독특함을 자랑하는 사랑마당에는 연못을 두고, 문간에서도 볼 수 있게 하였다. 이곳은 작지만 여러 가지 다른 모습으로 마당을 느낄 수 있는 공간으로 자리하게 되었다. 누리에 들어가면, 다양한 창살 모양과 만나게 된다. 많이 사용되는 창살모양은 이 집에 있던 창호 모양을 따서 여러 가지로 바꾸어 본 것이다. 화장실에 원래 있던 창호를 두어 그 바탕이 무엇인지 남겨 두었다.

1 누리에 들어가면, 다양한 창살 모양과 만나게 된다.
많이 사용되는 창살모양은 이 집에 있던 창호모양을 따서 여러 가지로 바꾼 것이다.
2 사랑채는 조그만 사랑방이 되어 안채와 한 몸이 되고,
거기에 조그만 마당이 딸린 독특한 구성으로 이뤄진다.
3 길 쪽에 세운 '색다른 기둥과 아치'가 보인다. 뒤에는 담장이 원래 있었고,
대지에 한옥이 들어서고, 시간이 지나 덕수궁 정관헌 등에서 보이는 '우리식의 근대적 조형'을 넣었다.
시간의 켜를 넣어 무게감을 주려 한 것이 가장 큰 특징이다.

1

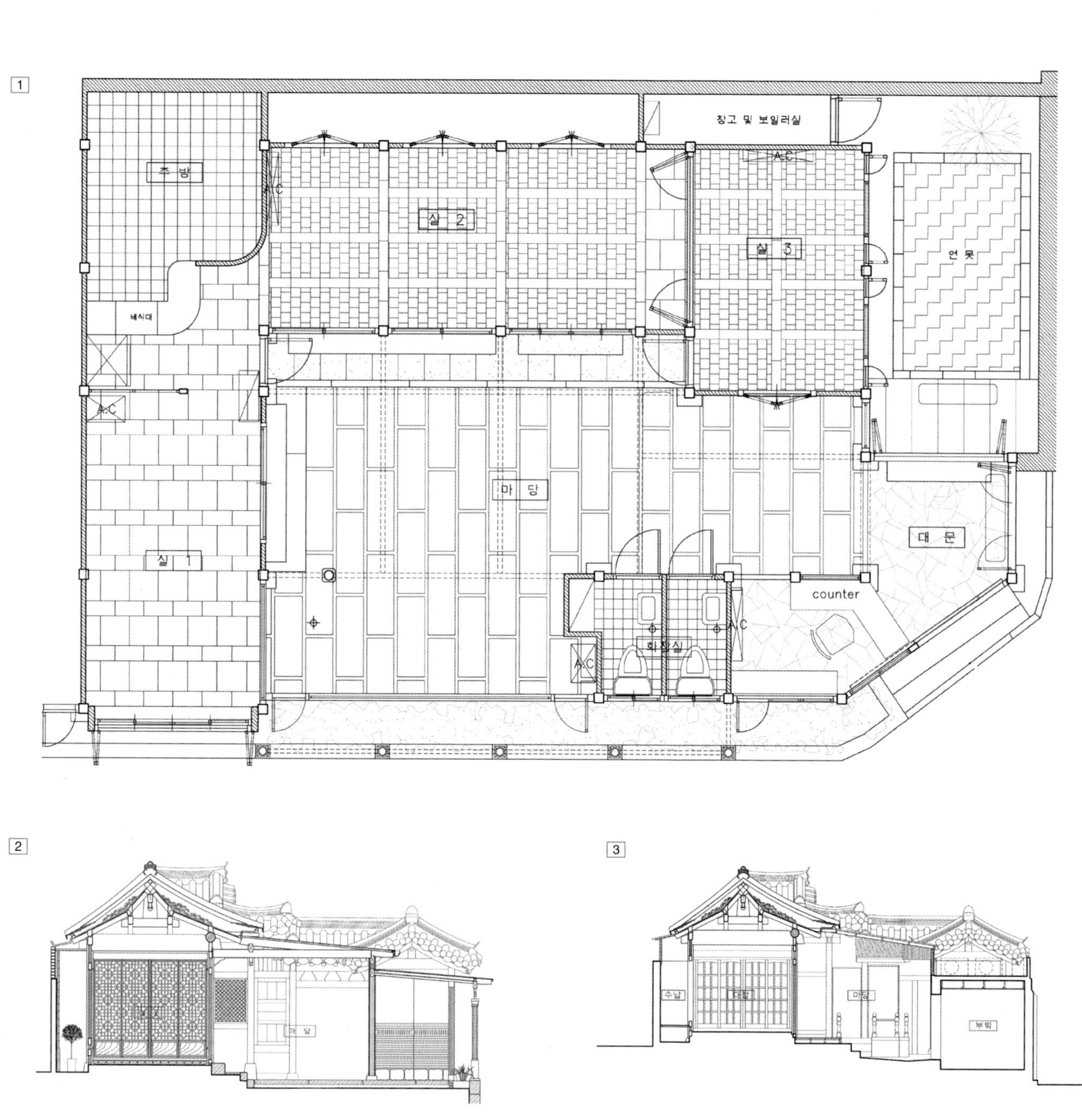

2

3

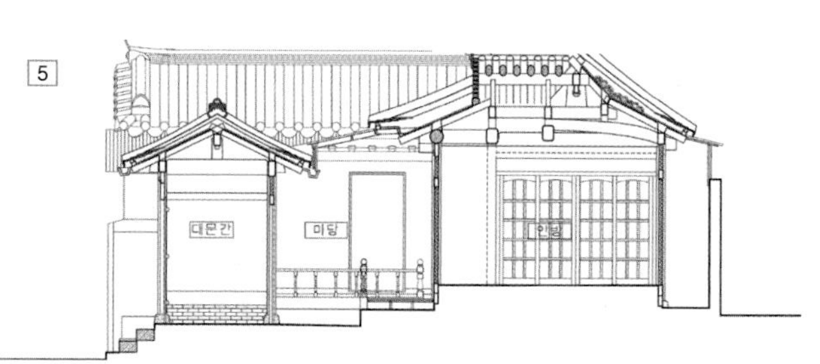

4

5

6

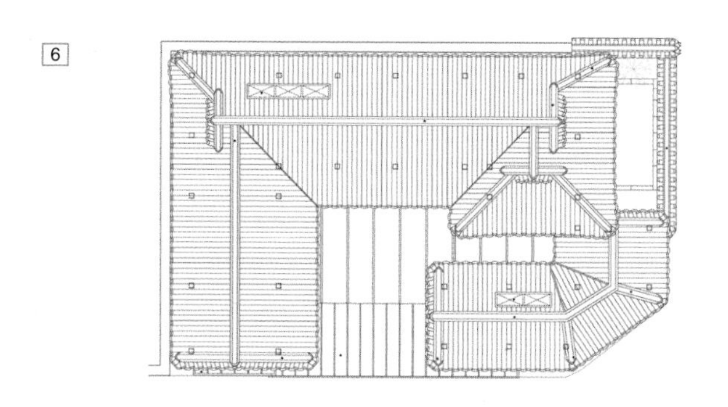

1 1층 평면도
2,4 단면도 1, 2
3,5 실측단면도
6 지붕평면도

한옥, 또 한 번의 진화

작은 한옥 누리는 이 레스토랑에서 제공되는 요리들처럼, 좀 더 다른 모습으로 진화하기를 희망해 본다. 이곳은 전통적으로 유명한 죽과 한정식이 주요 음식이지만, 한식 요리라 해서 전통 차만을 다루지 않고 원두커피와 고급 포도주를 곁들이는 배려 또한 잊지 않는다.

그럼 한옥은 어떻게 바뀌었을까? 가장 큰 변화는 신을 벗지 않고 방으로 들어갈 수 있도록 했다는 점이다. 좌식에서 입식으로 바꾸면서 바닥에 마루패턴의 타일을 깔고, 2칸 대청도 3칸으로 늘려, 테이블과 의자에 어울리는 개방된 공간감을 주었다. 그렇지만 여전히 사랑방은 독립된 방으로 구획하여, 아늑함을 간직할 수 있게 배려하였다.

또 하나는 마당에 '한옥과 일체화된 목재 아뜨리움'을 만들었다는 점이다. 하늘로 열린 마당은 한옥에서 가장 고유한 특성임에 틀림이 없다. 하지만 도심 상업밀집지역인 인사동에서 1층 한옥에 마당까지 비우는 것은 불가능한 일이다. 그러기보다는 마당에 볕이 들면서 사람들이 편히 쓸 수 있는 실내 공간, 바로 아뜨리움을 만드는 것이 당연했다. 가능하면 그 구조를 목구조로 하여 조형이 한옥과 어울리도록 했으며, 이들 구조는 원래 한옥의 기둥에서 뻗어져 나오게 하고, 그에 적합한 보아지 등 장식을 두어 한 몸을 이루게 한 것이 특징이다.

1

2

3

4

1 마당에 '한옥과 일체화된 목재 아뜨리움'을 만들었다. 이들 구조는 원래 한옥의 기둥에서
뻗어져 나오게 하고, 그에 적합한 보아지 등 장식을 두어 한 몸을 이루게 하였다.
2 대청의 가장 큰 변화는 신을 벗지 않고 들어갈 수 있도록 하고 좌식에서 입식으로 바꾸었다.
3 사랑방에서 바라본 무고주 오량가의 대청으로 바닥에 마루패턴의 타일을 깔고,
천장은 서까래가 노출된 연등천장으로 하여 개방감을 높였다.
4 2칸 대청도 3칸으로 늘려, 테이블과 의자에 어울리는 개방된 공간감을 주었다.

역사적 상상력과 우리식 근대적 조형

다른 하나는 길 쪽에 세운'색다른 기둥과 아치'다. 이것을 이해하려면'역사적 상상력'이 조금 필요하다. 길 밖에서 보면 누리는 뒤에 있는 담장, 한옥 대청, 마당 그리고 가까이 기둥과 아치가 보이도록 계획되었다. 그리고 순서는'깊은 곳에서부터 시간상으로 오래되었다.'라고 하는'계획적 가정'이 있다. 뒤에 있이는 담장이 원래 있었고, 대지에 한옥이 들어서고, 그리고 시간이 지나 한옥 사이에 서양의 아치양식을 전통 목수가 본떠 만든 것으로 짐작된다. 덕수궁 정관헌 등에서 보는'우리식의 근대적 조형'을 넣어보고자 했다. 새롭게 리노베이션되는 한옥에 시간의 켜를 넣어 무게감을 주려 한 것이 가장 큰 이유라 하겠다.

인사동 한옥들은 지금도 다양한 모습으로 바뀌고 있다. 어떤 것들은 한옥의 격식만을 고집하여 쓰기 불편한 공간이 되기도 하고, 어떤 것들은 새로운 용도와 디자인으로 한옥의 원래 모습을 찾아볼 수 없는 예도 있다. 이런 한옥의 다양한 진화과정 속에서 누리가 좋은 참고가 되기를 기대해 본다. 또한, 무엇보다 사람들에게 친숙해지고 아늑함을 줄 수 있는 장소가 되기를 희망해 본다.

1 대청에서 사랑방을 바라본 모습으로 천장을 우물 정#자의 반자에 전통문양을 한 우물반자로 했다.
2 여닫이 쌍창 뒤로 사고석담장이 풍경을 대신한다.
3 사랑방은 독립된 방으로 구획하여, 아늑함을 간직할 수 있게 배려하였다.

위_ 독특함을 자랑하는 사랑마당에는 연못을 두고, 문간에서도 볼 수 있게 하였다.
아래_ 와편담장과 사고석담장으로 둘러친 사랑마당의 연못에 금낭화, 황매화, 찔레꽃을 심어 생명력을 불어넣었다.

객과 말들이 쉬어 가는 곳

마방집

경기
하남시 천현동
428-4

마방馬房집은 1920년경 주막의 형태로 개업하여 3대째 가업을 이으며 80여 년의 세월 동안 변함없이 이어오고 있는 전통과 추억이 남아 있는 집 중 하나이다. 옛것을 지키려 노력하는 대물림 향토음식점인 마방집은 변화하는 시대에 변하지 않은 모습으로 남아 있어 그 가치가 빛나는 집이다. 원래 마방은 '마구간'의 강원도 방언이었지만 마구간을 갖춘 주막집으로 통칭하기도 한다. 이제는 흘러간 말이 되었지만, 우리의 전통 속에 고스란히 남아 있는 향토적인 언어이며 역사가 느껴지는 단어이기도 하다.

왼쪽_복만장의 오른쪽 부분은 7칸 규모의 큰 방으로 가운데로 보가 집중된 3평주 오량가로 열린 공간을 만들고 3면을 쌍창으로 하여 밖과 소통하도록 했다.
오른쪽_마방 간판이 보인다. 장승의 험한 얼굴이 오히려 해학이 가득하고 장난스러워 보인다. 마방집은 선비들이 타고 다니던 말이나 우마차 등이 쉬어가는 주막이었는데, 세월이 흘러 우마차가 사라진 현재는 향토 음식전문점으로 탈바꿈하였다.

향토지적재산으로 인정받은 마방집

마방집은 옛날 주막으로 이용되었다. 시골에서 과거시험을 보러온 선비들이 타고 온 말이나 우마차 등이 쉬어가던 곳이어서 마방집이란 이름이 붙게 되었다. 마방집은 향토지적재산으로 인정받고 있다. 향토지적재산으로 유형의 향토지적재산과 식생활과 관련된 것과 주식류의 세 가지이다. 향토지적재산으로 인정받게 된 경위는 이렇다. 초기 마방집은 끼니를 때우기 위해서 들러 가는 곳으로 화물차나 농수산물 운전자들이 많이 이용했다. 그러다가 80년대 중반에 레저 붐이 일어나면서 특별하고 색다른 것을 찾는 이들이 주 고객이 되었으며 가족단위나 단체손님들이 찾아오고 있다. 또한, 국내 TV뿐만이 아니라 일본 후지 TV에서도 마방집이 소개되면서 일본인들에게도 많이 알려져 한국을 찾는 일본 관광객의 방문이 이어지고 있다.

마방집의 가장 큰 특징은 옛날 서민들이 먹었던 음식이라는 것에 있다. 음식재료는 육류보다는 야채류가 대부분을 이루고 있기 때문에 현대인의 건강에 좋다. 맛은 80년전의 음식 맛에서 크게 달라지지 않아 전통음식을 맛볼 수 있는 곳으로 주된 음식은 된장찌개인데 된장은 재래식으로 만들어 사용해서 어머니의 손맛을 느낄 수 있다. .

1 복만장은 홑처마 팔작집으로 직절익공 소로수장집이다.
장대석으로 집 안으로 들어가는 계단을 만들었고 자연석으로는 기단을 삼았다.
2 이동이 많은 건물 주위로 쪽마루를 둘러
이동을 편리하게 하고 쉼터로도 사용하는 전이공간으로 활용하고 있다.
3 복만장福萬莊 건물의 외형은 정면 4칸 반, 측면 2칸에 정면 1칸 반,
측면 1칸을 이은 ㄴ자형의 평면구성이다.

1 복장독대가 듬직하다. 마방의 주된 음식재료인 된장은 재래식으로 직접 만들어 옛 어머니의 손맛을 느끼게 해준다.
2 두 단의 자연석계단 형태의 자연석기단 위에 사각기둥을 세운 홑처마 팔작집으로 쪽마루가 시원하게 나 있다.
3 머름 위로 여닫이 세살 쌍창을 달았다. 머름의 높이는 사람이 팔을 걸쳤을 때 가장 편안한 높이인 30~45cm로 한다.
4 문얼굴 사이로 홑처마, 쪽마루, 자연석기단의 다른 풍경을 담고 있다.

토속음식과 잘 조화된 한옥

마방집은 흙벽으로 여름에는 시원하며 겨울에는 움집처럼 따뜻하다. 토석담과 기와집으로 이루어진 마방집은 토속적인 음식과 건물이 하나로 잘 조화된 곳으로 토속미가 감칠맛을 느끼게 하는데 들어서는 입구부터 색다른 느낌이 든다. 험하면서도 감자를 닮은 구수한 얼굴을 한 목각 장승이 '마방'이라는 간판과 함께 반긴다. 마당을 건너 한옥으로 지어진 기와집은 이제는 흔하지 않은 모습이라 더욱 반갑다. 사대부 집의 안채 · 사랑채 · 행랑채와 사당으로 이루어진 집의 구조는 아니지만, 한옥을 편의에 의해 지어 자연스러운 전통미를 느낄 수 있는 곳이다. 가마솥과 장작을 때는 재래식 부엌으로 향수를 느끼게 한다. 아궁이에 장작을 때고 굴뚝에 연기가 올라오면 가마솥에서는 밥이 기름이 자르르 흐르며 뜸이 들어간다. 슬며시 장작을 빼고 잔불만 남기면 뜸이 폭 든 밥이 기다리고 있다. 애초에는 초가집으로 지어졌을 것으로 보이나 장사를 하면서 가세가 든든해지자 지붕을 기와로 얹고 창호와 꾸밈에 신경을 써서 지금의 모습이 되었을 것으로 추정된다.

마방집은 관리동과 전통한옥 가천장이 있던 것을 전통한옥 복만장을 지어 규모를 확장했다. 가천장佳泉莊 건물의 외형은 정면 5칸, 측면 2칸 반에 정면 1칸, 측면 1칸을 이어 ㄴ자형의 평면으로 외벌대 장대석기단 위에 사다리형초석을 놓고 사각기둥을 세운 전퇴가 있는 홑처마 팔작집이다. 최근에 지은 복만장福萬莊 건물의 외형은 정면 4칸 반, 측면 2칸에 정면 1칸 반, 측면 1칸을 이은 ㄴ자형의 평면으로 두 단의 자연석계단 형태의 자연석기단 위에 사각기둥을 세운 홑처마 팔작집으로 직절익공 소로수장집이다. 복만장의 오른쪽 부분은 7칸 규모의 방으로 가운데 고주를 댄 3평주 오량가로 열린 공간을 만들고 3면을 쌍창으로 하여 밖과 소통하도록 했다. 창은 이중창으로 안은 아자살 미닫이로 하고 밖은 세살 여닫이로 했다. 이동이 많은 건물 주위로 쪽마루를 둘러 이동을 편하게 하고 쉼터로도 사용하는 전이공간으로 활용하고 있다.

마방에는 예전부터 사용하던 음식을 만드는 기구부터 농기구까지 그대로 보존하고 있다. 한옥이 가진 아름다운 풍경과 객들이 지나가다 들러 음식을 사 먹고 묵어가던 마방이라는 독특한 양식이 남아 있어 애착이 가는 곳이다. "아무리 많은 세월이 변한다 해도 장작으로 밥을 짓고 그 장작불에 고기를 굽는 우리 집의 요리방법은 변하지 않을 것"이라며 "그 한결같은 정성이 바로 손님들이 오랜 시간 동안 마방을 찾는 비결"이라고 말한다.

1

2

3

5

7

1 중첩이라는 한옥의 구조는 창문 속에 또 창문이 있고 그 밖에 풍경이 있다.
2 가천장佳泉莊 건물의 외형은 정면 5칸, 측면 2칸 반에 정면 1칸,
측면 1칸을 이어 ㄴ자형의 평면으로 외벌대 장대석기단 위에 사다리형초석을
놓고 사각기둥을 세운 전퇴가 있는 홑처마 팔작집이다.
3 가천장의 대청마루로 왼쪽에는 쪽마루, 오른쪽에는 툇마루를 했다.
4 칸이 여러 층을 이루어 깊이가 있는 공간구성이다.
칸 사이를 가변형으로 하여 소통할 수 있는 개방형 공간이다.
5 가구구조는 1고주 오량가다.
아자살로 왼쪽은 미닫이창이고 오른쪽은 미서기문이다.
6 툇간으로 벽 쪽으로는 사각기둥의 고주로 하고
툇마루 바깥쪽으로는 사각기둥의 평주로 했다.
7 복만장과 가천장 사이에 일각문인 협문이 나 있다.

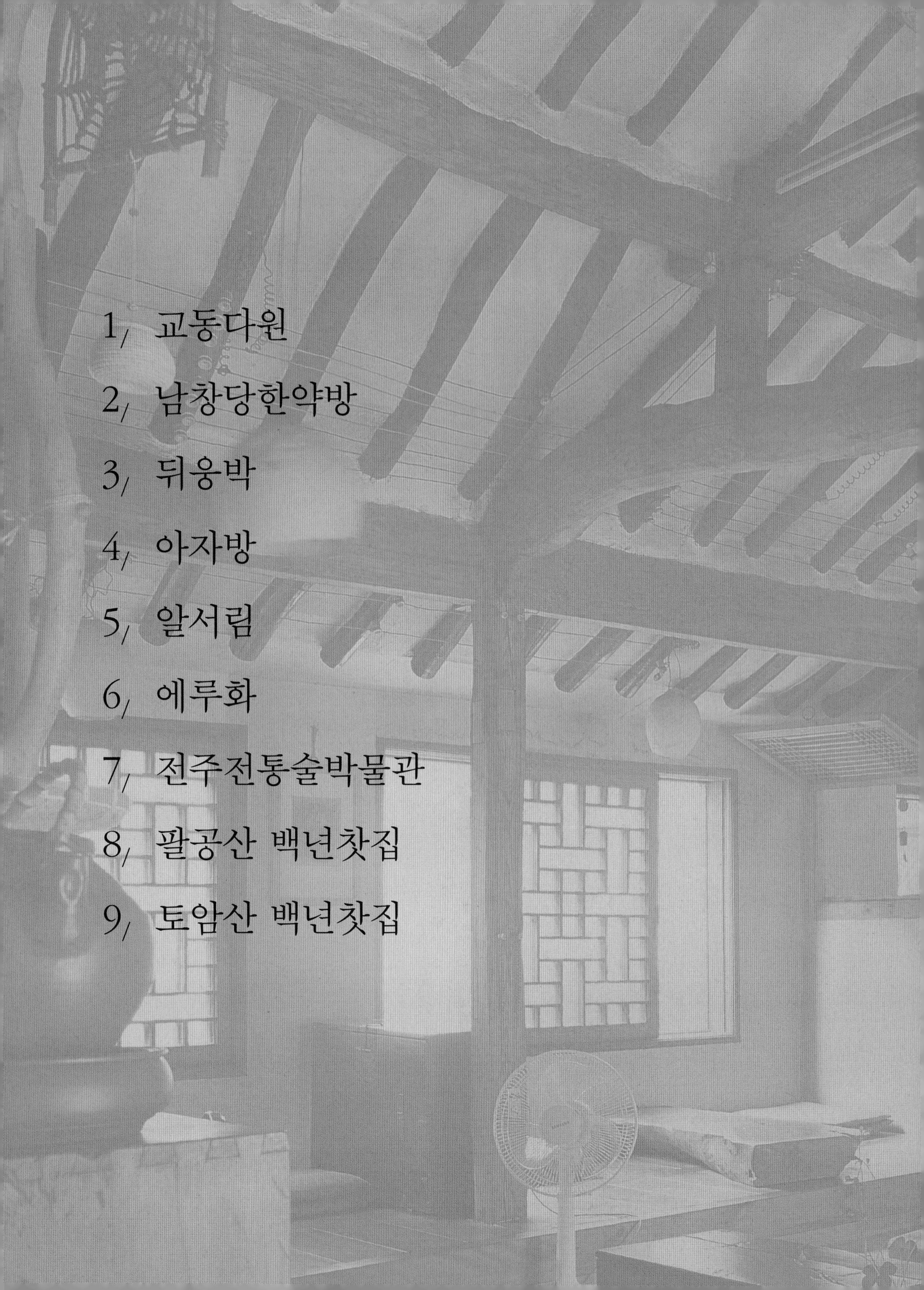

1/ 교동다원

2/ 남창당한약방

3/ 뒤웅박

4/ 아자방

5/ 알서림

6/ 에루화

7/ 전주전통술박물관

8/ 팔공산 백년찻집

9/ 토암산 백년찻집

상업공간

상업
공간
01

만물이 소통하는 양陽명明한 공간

교동다원

전북
전주시 완산구 교동
64-7

글_ 이연건축 조전환 대표

전주를 찾은 여행객이라면 꼭 한번 찾아가 봐야 할 곳이라고 입소문을 내는 곳. 그래서 교동다원에는 외지 손님들이 끊이지 않는다. 주인 내외가 서울에서 무작정 내려와 지금까지도 한옥을 고치고 가꾼 노력이 곳곳에 배어 있다. 진한 차향이 퍼진 그곳을 찾아 지긋이 열린 대문을 열어본다.

그 집

백무산

남의 집을 방문하거든
가만히 그냥 가만히 구조를 둘러볼 일이다.
그 집의 상태는 주인의 두뇌 구조와
꼭 일치하는데

여기저기 먼지가 쌓여 있거든
주인의 머리에도 곰팡이가 슨 줄 알고
화분의 흙이 메말랐거든
그 머리도 이제 식어 가리라
벽은 그 사람 음악적 감각을 표현하고
바닥에서 그 사람 계산 능력을 보리라
책상 위에는 그 사람의 미처 오지 않은 미래가 있고
부엌엔 그 사람 성적인 취향도 있으리라

그런데 내가 알 수 없는 집 하나 있으니
비바람 햇볕은 가리고 있으나
전혀 집이 아닌 그 사람 집
천정엔 구름이 지나고 벽엔 푸른 나무들
언제나 물들이 들어왔다 나가는 그 집은

교동다원의 내부. 실내 요소 하나하나는 누가 보기에도 존재감 있는 의미로 다가온다.
1999년 이래 지금까지 찻집 운영을 통한 수익금으로 집수리는 계속되고 있다.

왼쪽_ 교동다원은 들어서기 전부터 카메라 셔터를 누르게 만드는 매력이 있다.
오른쪽_ 주인 부부가 교동다원을 인수하고는 ㅡ자형의 본채와 대문간채 사이 슬래브 건물과 난방과 수납을 위해 멋대로 만든 여러 구조물을 철거하는 일부터 시작했다.
애초 자리했던 마당건물을 없애 오목대를 바라볼 수 있는 조망을 확보하고 뼈대를 조금씩 드러내며 건물의 원형을 살려 나갔다.
또한, 마당에 깔렸던 시멘트를 걷어내고 흙을 붓고 다져 땅을 밟고 살 수 있도록 했다.

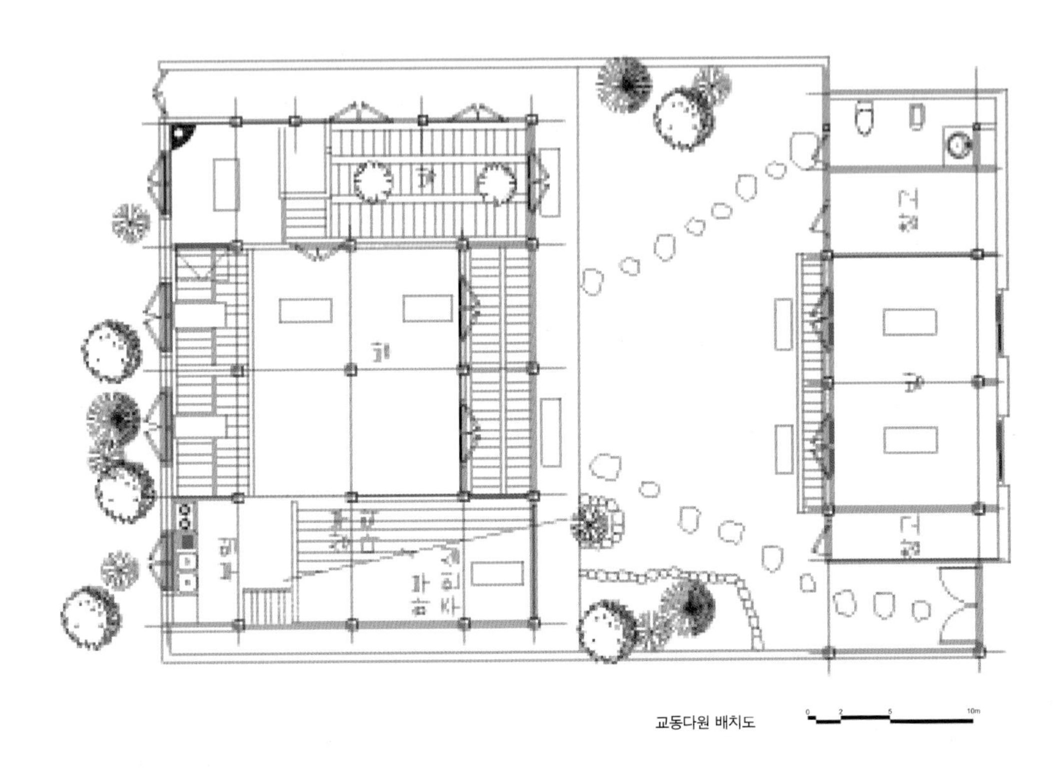

교동다원 배치도

전통에 대한 꾸준한 관심에서 출발, 생활 속에 이를 실현한 교동다원 주인 부부. 그들은 도시생활에서 누리지 못하는 땅과의 조화를 꿈꿨다. 그러던 어느 날, 연고라고는 전혀 없는 전주에 한옥을 찾아 무작정 내려왔다. 당시(1999년)는 한옥마을에 대한 여러 정책의 변화 끝에 전문가, 행정주체, 주민, 방문객 간 한옥을 보전해야 한다는 문제의식이 공론화되던 시기다. 전주에도 사업계획과 지침이 구체적으로 마련되면서 7백여 채 한옥에 대한 문화자원화 움직임이 일었다.

서울 북촌과 마찬가지로 행정기관의 일방적인 미관지구 지정은 실제 거주하는 주민의 입장에선 주거환경의 악화와 지가하락, 주민 이탈, 재산권 침해 등을 이유로 반발이 심했다. 미관지구를 완화하고 심지어 해제를 요구하는 과정에서는 십여 채의 한옥이 쓸려나갔다. 그 자리에 무분별한 콘크리트 건물이 들어섰지만, 이미 공동화된 상태에서 그 건물들 역시 공실률이 커지고 결국 흉물로 전락하고 말았다. 상황이 이렇게 전개되고 보니 주거환경 악화라는 악순환을 모두가 인식하게 되었다.

1

2

3

1 황토방바닥에 황토염색천으로 마감하고
행랑방 바닥은 니스칠하고 본채는 생들기름을 발랐다.
2 마당의 콘크리트 바닥을 걷어내고
되찾은 땅에 끊임없는 애정을 쏟고 있다.
비 올 때면 정원에서 마당으로 지렁이가 기어 나오고
날씨 좋은 날이면 새들이 날아든다.
3 티베트, 인도 등을 여행하며 모은 소품과
우리나라 전통물건들이 잘 닦이고 손질되어 있다.
목재의 수급이 어려웠던 시절 동네목수를 불러서
얼기설기 엮어놓은 빈약한 뼈대이지만,
구조재 사이 흙벽을 모두 여러 장의 한지로 싸는 수고로
오히려 넓게 보이는 효과가 더해졌다.

기나긴 집수리 여정

교동다원의 황기정, 박종금 부부는 모두가 떠나가고 있던 한옥마을을 샅샅이 뒤지기 시작했다. 황기정 씨가 주로 다니면서 여러 채를 둘러봤는데, 대부분 오래되다 보니 손볼 데가 많았다. 그렇게 발길이 닿은 집은 가격이 높아 선뜻 마음이 내키지 않았지만, 아내인 박종금 씨에게도 선을 보였다. 두 사람 모두, 거주자에게 에너지를 채워줄 양명亮明한 기운이 충만한 느낌을 받았다. 지금까지 10년여에 이르는 그들 부부의 집수선 여정은 그렇게 집 한구석 쪽방에 이사하면서 본격적으로 시작되었다.

구매 당시의 한옥은 전주인의 생활편의에 맞춰 집안 곳곳의 가재기가 심한 상태였다. 一자형의 본채와 대문간채 사이 장독들을 머리에 인 목욕탕 슬래브 건물은 물론 난방과 수납을 위해 여기저기 덧댄 구조물들을 걷어내는 일이 시급했다. 마당건물을 없애 오목대를 바라볼 수 있는 조망을 확보하고 뼈대를 조금씩 드러내며 건물의 원형을 살리는 데 주력했다. 마당에 두껍게 깔린 시멘트를 걷어내는 대신 흙을 붓고 다지면서 집의 숨통을 틔우는 일에 오랜 시간이 걸렸다. 그렇게 두 개의 一자형 건물이 마당을 사이에 두고 마주 보게 하여 현재에 이르고 있다.

주인은 집의 역사에 관심을 두고 일부러 전 주인들을 수소문해 만나보았다고 한다. 30년씩 살았던 주인 둘과 마지막으로 10년을 살았던 주인의 말에 의하면 인근 한벽당, 거북바위 주변이 부듯가로 한옥마을 일대가 사람이 많이 모이는 곳이었다고 한다. 자갈땅이라 예전부터 배수가 잘되었다고 하는데, 이 집의 양명한 기운은 물이 고이지 않아 습하지 않기 때문이 아닐까.

1 고운 염색천의 빛깔은 염색하는 사람들의 손을 보면 그 수고로움이 얼만지 안다. 방석은 물론 찻잔받침, 커튼, 장판까지 천연염색으로 마감했다.
2 마루방에 다탁이 두 개 놓여 있고 그 뒤로 아궁이형 난로를 설치했다.
3 아궁이형 난로. 허리를 굽혀야만 들어설 수 있는 방엔 마루와 온돌을 공존케 하는 아궁이가 있다. 아니 난로가 있다.
4 주인 내외가 하루 내 머물며 손님을 기다리고 지인들과 차를 마시며 담소를 나누고 휴식을 취하는 전용 다탁이다. 그러다가 집안의 곳곳에 더할 손길이 분주해지곤 한다.
5 一자형의 대문간채 쪽마루이다.
6 처마 아래를 확장해 두었던 옛 주인 덕에 뒤로 공예품 전시관의 사용하지 않는 공간에 다원으로 통하는 쪽문을 내 공유하게 되었다.

사람과 자연이 소통하는 집

전주 한옥마을의 한옥들은 1920년대 이후, 200m² 정도(60여 평)의 터에 66m²(20평) 남짓한 규모로 지어지기 시작한 도심 한옥들이라 막상 뼈대를 드러내니 그 앙상함은 마음마저 불안하게 만들었다. 지붕을 가벼운 시멘트기와로 바꾸고 천장의 구조를 드러낸 뒤 내부벽체를 허물어 공간에 개방감을 불어넣었다. 현재 시원하게 뼈대를 드러내고 있는 천장도 흙에 석회를 바른 것이 아니라 흘러내리는 흙을 달래가며 한지를 여러 겹 바르는 과정을 거친 것이다. 외부 벽체 또한 수장재와 흙벽 사이가 건조와 수분흡수를 거듭하면서 벌어지기 마련인데, 일명 '종이코킹'이라는 방법으로 신문지를 적당하게 물에 불려 그 틈새를 메우고 한지를 발라 외풍을 막았다.

교동다원은 사람과 자연환경이 소통하는 지침서라고 해도 과언이 아니다. 박새가 지저귀는 소리가 들린다. 주변 오목대 나무에서 날아들었으리라. 이 집은 생태연결통로이다. 마당은 자연을 느끼는 센서로서 역할을 한다. 비 올 때면 정원에서 마당으로 지렁이가 기어 나오고 날씨 좋은 날이면 새들이 날아든다. 새와 개미를 위한 물잔을 안마당과 뒷마당 곳곳에 두었다. 넓지 않은 마당이지만 대문을 들어서 오죽 숲과 꽃잎을 띄운 돌확을 지나며 번잡한 마음은 서서히 평온해진다. 마치 절의 일주문을 지나 계곡을 따라 산사로 가는 마음이다. 댓돌에 올려진 가지런한 신발들 옆에 나란히 신을 벗어놓으면 마음은 더욱 차분해진다.

4

6

5

실내는 비어 있는 선비의 방처럼 간결하게 꾸몄다. 자신이 아끼고 모으다 보면 어느 것 하나 자랑하고 싶지 않은 것이 없게 된다. 도저히 취사선택을 하지 못해 나름 늘어놓다 보면 결국 어느 것 하나 귀한 물건이 아닌 것이 없는데, 이 집은 물건 하나하나가 각기 존재감을 드러낸다. 황토방바닥에 황토염색천으로 마감하고 행랑방바닥은 니스칠을 본채에는 생들기름을 발랐다.

황토염색커튼과 염색천, 차받침은 한 땀씩 수행하듯 주인의 얘기가 담겨 있다. 주인이 우린 차를 내어놓지 않고 뜨거운 물만을 준비해 준다. 직접 차를 우리는 시간과 손놀림 속에 마음을 나누게 되고 차를 나누게 된다. 초의선사가 차를 만들며 참선을 했듯이 차를 마시는 과정 또한 도에 이르는 길이리라. 차 종류도 많지 않다. 황차와 야생녹차 두서너 가지 보이차 그리고 유기농인 산양유 차뿐. 그 차림판과 두 주인의 성품, 삶의 모습 그리고 그것을 담은 찻집, 어쩜 그리도 닮았는지 우리네 사는 집을 돌아보며 얼굴을 붉히게 된다.

여러 매체에서 소개되기도 했다는 난로형 아궁이는 주인의 역작이다. 집 바깥에 있던 아궁이를 방 한가운데 들여놓은 것이다. 방 면적의 반에 설치된 온돌을 덥히는 동시에 방 전체의 난로역할을 한다. 요새 들어 대청의 멋과 난방 사이에서 고민할 때, 한쪽에 벽난로를 설치해 방편을 삼기도 한다. 그에 비해 '난로형 아궁이' 혹은 '아궁이형 난로'는 각 집에 맞게 디자인하고 고래와 굴뚝을 잘 설치하면 그을림도 최소화할 수 있는 현대적인 난방설비라 하겠다.

대문간채 끝 마당 건너편에 화장실이 있다. 제집처럼 편안한 분위기 속에서 차를 마시다 화장실에 가보면 두 개의 서양식 변기와 동양식 변기에 잠시 의아해진다. 그러나 공동화장실을 꺼리는 여성들은 곧장 주인의 배려에 고개를 주억거리게 된다. 변기에 앉아 일을 볼라치면 회벽에 새겨진 웃는 얼굴과 마주앉아 자연스레 웃음을 나누게 된다.

변기의 저수통은 갈대가방으로, 물이 내려오는 관은 대나무로 꼼꼼하게 싸고 나무 손잡이를 잡아당겨 물을 내리면 도시의 빽빽한 상가의 뒤를 돌아 구석진 자리에 있는 불결한 화장실에서 도망친 악몽 같은 기억은 저 멀리 달아난다.

바위채송화, 황매화, 목련, 천리향, 춘동백, 제비꽃, 중림죽 등등 주인이 손수 가꾼 정원을 만끽할 수 있다.

집을 화폭 삼아 예藝를 행하는 부부

1999년에서 2008년 현재에 이르기까지 수선이 계속 진행 중인 집. 찻집을 운영하며 돈이 생길 때마다 조금씩 고쳐 나왔다. 가장 최근의 일은 현재 주방 천장을 뜯어내고 수납을 위해 다락을 배설한 것이다. 그리고 간이 식탁과 벽체를 파 매입등을 설치한 것을 직접 시연해 보이는 주인장의 모습에 손수 일한 자의 뿌듯함이 묻어난다.

아파트에서의 삶의 터전은 면적과 비례한 돈으로 환산되는 간단한 계산이 뒤따르곤 한다. 그러나 시간을 두고 제 살집을 일일이 손보며 가꾸는 것은 어떠한 방법으로도 평가할 수 없는 절대적 가치가 있는 것이다. 주인이 고민하고 도안하고 몸을 움직일 수밖에 없는 시스템이다. 그래서 부부의 손길이 일일이 닿지 않은 곳이 없다. 언제 끝날지 모르는 집을 가꾸는 과정은 자연과의 조화뿐만 아니라 소와 사자였던 두 사람 간 조화의 섭리를 깨닫게 된 '도'의 여정이었다고 부부는 회상한다. 집을 짓는 일이 사람을 짓는 일임을….

손님들이 차 한 잔 마시면서 편히 쉬어가는 공간이기도 하지만 가장 오래 다원에 머무는 이도 부부였기에 가장 먼저 두 사람의 '삶터'라는 기본 전제가 집에 대한 애정을 더욱 배가시킨다.

밤 10시경 한 팀이 들어왔다. 그러나 정중히 10시 30분이 문을 닫는 시간임을 알리고 다시 방문해 달라고 요청한다. 1년 365일 쉬지 않고 일하다 보니 에너지가 소진되는 것을 부부는 경험하였다. 충분히 쉬고 준비된 가운데 정화된 에너지로 손님을 맞이해야 함을 체득하고 그 원칙을 잘 지켜나가고 있다. 이것은 곧 그 집의 생명을 연장하는 약속이기도 하다.

보도에서 찻집 대문으로 꺾어지는 골목길을 화단으로 가꾸는데도 10년이 걸렸다. 쓰레기봉투를 재어놓아 치우기를 여러 번, 블록을 한두 장 걷어내고 조금씩 확장했다. 화분을 갖다 두고 꽃을 심으니 어느새 화단이 되었다.

뒤편의 공예품 전시장과 다원 사이는 담이 없다. 공예품 전시관의 사용하지 않는 공간에 다원으로 통하는 쪽문을 내 공유하게 되었다. 처마 아래를 확장해 두었던 옛 주인 덕에 뒤로 창을 내어 주인이 손수 가꾼 정원을 만끽할 수 있다. 바위채송화, 황매화, 목련, 천리향, 춘동백, 제비꽃, 중림죽 등등 일일이 꽃 이름까지 세세히 알려주고 길 떠나는 필자에게 다른 목적지로 통하는 길을 설명해 주는 주인장의 사람과 자연과의 소통 방법은 참으로 따뜻하다.

遊於藝 예에 노닌다

부부가 직접 고안한 부엌의 간이테이블 위 걸어둔, 황욱 선생의 글씨다. 집을 화폭 삼아 예藝를 행하고 있는 부부는 노년에 이르러 '잘 노닐었구나'하며 회한 없는 말간 얼굴을 그때도 가지고 있을 듯하다.

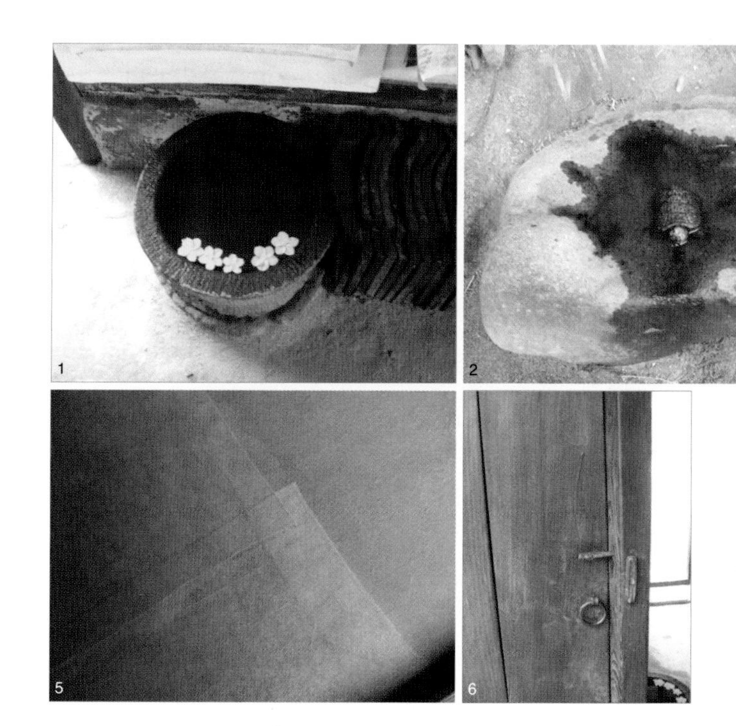

1 돌확에 드리운 꽃잎.
2 마당에 자리를 잡은 거북이.
3 마당 한 쪽에 돌탑. 주인 내외의 마음을 보는 듯하다.
손님들이 차 한 잔 마시면서 쉬어가는 공간이기에 앞서 가장 오래 다원에 머무는 두 사람의 '삶터'이기에 집에 대한 애정은 더욱 깊다.
4 난로형 아궁이의 굴뚝. 온돌을 데우는 동시에 방 전체의 난로 역할을 한다.
5 천연염색으로 마감한 장판.
6 자물쇠에 세월의 흔적이 남겨져 있다.

상업
공간
02

나무 기둥 속에 감춰진 비밀

남창당한약방

전북
전주시 완산구
전동 73

글_ 이연건축 조전환 대표

한옥마을의 복원과 계승은 단지 몇 줄로 규정된 제도나 법규, 전시물처럼 들어선 한옥 몇 채만으로 이루어지는 것은 아니다. 자신이 사는 고장과 한옥에 대한 애정을 갖고 스스로 보듬어 안을 수 있는 자발적인 참여가 가장 중요하다 할 것이다. 그 모범적인 사례를 보여주고 있는 전주시 남창당한약방을 찾았다.

지금은 시들해진 감이 없지 않지만, 우리나라 가요나 드라마가 아시아 각 가정의 안방 TV에 전파를 타고 인기를 얻으면서 '한류'란 용어가 생겨났다. 우리 것도 산업화 될 수 있음을 오히려 외국에서 확인한 셈인데, 우리 자신도 적잖게 놀랐다.

늦었지만 다행히 우리 문화의 기층을 발굴하고 문화적 브랜드를 형성하기 위한 사업이 정부 차원에서 진행되고 있다. 생활화, 산업화, 세계화가 가능한 한글, 한식, 한복, 한지, 한옥, 한국음악(국악) 등이 지정 사업으로 채택되기도 하였다. 역사와 전통이 담겨 있는 한국문화의 기능성과 과학을 현대적으로 해석해 세계에 내놓음으로써 앞으로 고부가가치 창출과 고용 효과, 국가 이미지 향상까지 기대한다는 원대한 차원이다. 이런 기회를 통해 사라져가는 우리 전통문화를 연구하고 그 맥이 이어지도록 그 산업의 종사자들을 지원한다는 것은 바람직한 정책이라 하겠다.

전동성당의 맞은편, 경기전 일대는 10월이면 약령시가 열린다.
한옥마을의 초입에 2층 한옥으로 된 남창당한약방은 조선 건국에서 개화기 그리고 현재에 이르기까지의 역사적인 장소에 현대적인 구조적 비밀을 가지고 자리해 있다.

약령시藥令市의 본고장, 전주

전주에서도 정부지정사업인 한식, 한옥, 한지 외에 자체적으로 한국 춤과 한국 소리, 한방을 한국의 대표브랜드로 개발해 전주를 한브랜드 중심도시로 만드는 작업이 한창 진행 중이다. 한옥마을을 조성하고 전통문화를 체험할 수 있는 장을 마련하는 것을 행정주체가 주도하면 한계가 있다는 것을 서울 북촌마을뿐만 아니라 전국의 관련 행정에서 경험한 바 있다.

일터와 살림터로 삼고 살아가는 주민의 자발적인 동참이 없다면 온기나 활기라고는 찾아볼 수 없는 예산만 낭비하는 결과만 가져올 뿐이다. 사정이 이런데, 한 시민으로서 소신껏 한옥을 짓고 한약방으로 운영하고 있는 곳이 있으니 전동성당 앞, '남창당한약방'이다. 조선시대 한약재를 전문적으로 다룬 장인 약령시藥令市가 열렸던 전주에서 한약방을 한옥으로 운영한다는 것은 상당한 상징성을 지닌다.

과거 약령시는 약재의 채취와 출하시기에 맞춰 해마다 봄, 가을 두 차례 열렸다. 전주는 전라감영이 자리한 호남 제일의 행정도시로 지리산, 덕유산, 회문사, 내장산, 변산반도 등지에서 오는 한약재가 모이는 곳이었다. 조선 효종 2년(1651)에 최초로 개설된 약령시로 대구, 원주와 함께 3대 약령시로 명성을 날렸으나, 공주 약령시가 개설되면서 크게 위축되어 한동안 폐지되기까지 하였다. 250년이 지난 1901년에 재흥 되었으나 2년 만에 폐지, 1923년 세 번째 개시가 되었으나 이마저도 1943년 일제강점 말기 전쟁으로 문을 닫고 말았다.

그런 우여곡절 끝에 1999년 9월, 전주약령시제전위원회가 설립되면서 매년 10월 중순경 닷새 동안 약령시가 다시 열리고 있다. 장이 서는 경기전慶基殿 옆에 있고 맞은편엔 전동성당이, 가까이로는 풍남문 그리고 교동, 풍남동 일대에 조성된 한옥마을의 서쪽 입구라는 공간적 특성은 남창당한약방의 존재를 더욱 부각시킨다.

왼쪽_ 약장에는 수십 년간 한약방을 운영해오면서 처방하는 약초가 담겨 있다. 약장 손잡이에는 저울이 걸려 있다.
오른쪽_ 현관을 들어서면 한약방으로 통하는 화려한 문살이 손님을 맞는다. 마당에서 또 하나의 마당으로 들어서는 기분이다.

1 집을 지키고 재복을 가져다주는 두꺼비 석물이 입구를 버티고 있다.
2 편액을 보지 않아도 한약방임을 알 수 있는 주머니들이 처마와 벽에 주렁주렁 매달려 있다.
3 남창당한약방 건물의 외형은 전체 정면 7칸, 측면 4칸 규모로 둥근 호박주초에 1층 원기둥, 2층 각기둥을 한 홑처마 팔작집으로 물익공 이층집이다. 한 채의 한옥에서 업종을 달리하는 일터가 둘로 나뉜한옥이다.

한옥의 뼈대는 무엇이어야 하는가?

남창당한약방 한광수 원장은 14세부터 본업에 뛰어들어 45여 년 간 실무에 종사해왔다. 양약에 더 의존하고 의학 상식을 인터넷에서 찾는 현 세태 속에 사양길에 접어든 전통 한방문화를 이어가고자 꾸준히 노력해 왔다. 우리 민족 고유의 전통 의학인 한방문화를 재현하여 외국인 관광객과 후대에 전해주기 위한 일념으로 대한한약협회로부터 전통 한약방 제1호로 지정받고, 사재를 털어 2층 한옥의 전통 한약방을 2006년에 건립하게 되었다.

남창당한약방 건물의 외형은 전체 정면 7칸, 측면 4칸 규모로 둥근 호박주초에 1층 원기둥, 2층 각기둥을 한 홑처마 팔작집으로 물익공 2층집이다. 그러나 한 채의 한옥이지만 업종을 달리하는 일터가 나뉜 한 채의 한옥이다.

한쪽은 한약방으로 다른 한쪽은 한식당으로 사용하는데 소유주는 다르다. 그리고 겉보기와는 달리 모든 구조재는 나무가 아니라 철골 H-빔이다. 사연은 이렇다. 땅을 사들인지는 오래되었지만, 그 용도에 대해선 고민하지 않고 있다가 전주 한옥마을 조성사업이 활기를 띠자 한약방 이전을 결심하게 하였다. 주변에 있는 수많은 유적과 꾸준히 한옥으로 정비되고 있는 일대의 한옥 환경 속에 전통 한방이라는 콘텐츠를 담는 그릇도 한옥이어야 함을 고집했다. 마침 부지 옆 식당주인이 함께 한옥을 짓자는 제안을 받고 각자의 부지는 유지하되 건물은 한 동으로 건축할 것을 합의하였다. 아래층은 한약방, 2층은 다원으로 꾸밀 계획으로 2004년 10월에 설계를 시작했다. 그러나 경기전 앞은 방화지구라 2층 목조구조물의 건축허가를 받을 수 없다는 난관에 직면했다. 결국, 설계자가 철골빔으로 구조물을 만들고 나무를 덧대는 방식을 내어놓았고, 2년여 만에 '2층 한옥'의 외형을 갖출 수 있었다.

전면은 H-빔을 3m 간격으로 세워 최종적으로 '한옥'이 되도록 한옥의 구성 원리를 최대한 살렸다. 10m에 이르는 보는 250×125×6×9 H-빔으로 대신하고 지붕의 트러스는 350×175×7×11 H-빔으로 구조물을 세웠다. 목공 일이 시작되면서부터는 목수들이 원목에 홈을 내어 H-빔에 일일이 덧대었다. 목재는 백두산의 장백송을 가져다 사용해 남창당한약방은 '통일건물'이란 별명이 붙기도 하였다. 격자 빗살 현관문을 열고 들어서면 왼쪽으로 한약방으로 통하는 문이 있고, 오른쪽으로는 2층 송담다원으로 연결된다. 실내에 들어서면 타일이 우물마루 형식으로 깔린 채 평상이 놓여 있다. 마루와 쪽마루에 신발을 벗고 올라서게 되어 있어 집안에 집이 또 한 채 있는 형태다.

1 들어서기만 해도 병이 낫는 것 같다는 손님이 더러 있을 만큼 내 집 마당에 앉은 듯 한옥의 정취를 최대한 살린 대기실이다. 2층 구조로 장선을 깔아 천장을 구성하였다.
2 2층 송담다원은 한약방에서 직접 운영하는 곳으로 한약재를 달인 전통한방차를 마실 수 있다. 대표차인 오자쌍화탕을 비롯해 혈액순환을 좋게 하는 보혈차, 여름철 기가 부족할 때 물 대신 마시는 생맥산차, 칡뿌리와 칡꽃을 넣어 만든 갈화차 등의 약차를 직접 달여 내놓고 전통차도 함께 마실 수 있다. 전통약차를 시음하고 판매하는 곳인 동시에 문화공간으로도 활용하고 있다.
3 대기실에서 마루에 올라서면 진찰실로 들어서게 되는 것이 편안한 분위기를 유도한다. 동네 분들이 놀러 와 마루에 걸터앉아 얘기도 나누는 곳이다. 약장이 가정집의 장식장이나 서랍장으로 쓰인 지는 오래되었다. 손때 묻은 약장이 제자리에서 제 역할을 하고 있다.

2

3

1 철골조라고는 하지만 고미반자와 전통창호, 마룻바닥, 수장재를 세운 흰 벽, 한지등, 탁자 등으로 차분한 분위기가 연출되었다.
2 집무실로 바닥은 우물마루패턴의 데코타일이 깔렸고 천장은 고미반자를 설치했다.
3,4,5,6 한광수 원장이 한방에 관련된 자료를 제공하여서 한 작가가 창작해낸 등들이 전시되어 있다고 할 만큼 다양한 표정으로 매달려 있다.
남창당한약방이 한옥으로서 태생적인 비밀이 있다 할지라도 한옥에 대한 감성이 세밀한 손길로 완성되어 있다.

한방 문화시설 조성이 꿈

대기실이 마당처럼 구성되어 수십 년간 한약방을 운영해 오면서 모은 자연 약초와 옛 약재도구, 서적자료 등을 전시하였다. 바닥은 갈색 타일이지만 우물마루패턴으로 마감하여 세심한 고민이 엿보인다. 내부의 천장은 H-빔을 목재로 덧대고 전체를 고미반자로 처리하였다.

약제실이나 대기실에서 진료실로 들어서면 우물마루패턴의 데코타일이 깔렸고 바닥은 따뜻해 편안한 분위기에서 진료를 받을 수 있다. 네 짝의 미서기문의 안쪽은 접견실로 손님은 몸에 좋은 약차를 대접받는다. 약방 전체에 매달린 등은 같은 것이 하나도 없다. 한광수 원장이 제공한 자료를 가지고 작가가 제작한 한지등으로 야생약초, 꽃, 한약처방을 소재로 어렵거나 부담스럽지 않게 매달려 있다.

2층의 송담다원은 남창당한약방에서 직접 운영하는 찻집으로 약차와 전통차를 기본으로 한다. 송담松潭은 한광수 원장의 아호에서 땄고, 다원의 대표차인 오자쌍화탕을 비롯해 혈액순환을 좋게 하는 보혈차, 여름철 기가 부족할 때 물 대신 마시는 생맥산차, 칡뿌리와 칡꽃을 넣어 만든 갈화차 등의 약차를 직접 달여 내놓고 전통차도 함께 마실 수 있다. 전통약차를 시음하고 판매하는 곳인 동시에 문화공간으로도 활용하고 있다.

사위와 조카가 한의사로 은퇴 후 가족이 함께 꾸려나가는 한방 문화시설을 조성하는 것이 꿈이라고 밝히는 한광수 원장의 한옥 한약방 건축은 꿈을 위한 과정이라 한다. 전주와 전통문화를 위한 다양한 활동에도 적극적인 한 원장은 개관도 특별하게 준비했다. 지난 2006년 10월 개관한 뒤 기초생활보장 수급자 350명에게 한약 무료 투약권을 전달하고, 인근 주민과 노인들을 초청해 국악공연과 다과회를 하는 등 다양한 행사도 펼치고 있다. 이처럼 도시, 한옥마을이라는 장소에 애정을 갖고 자발적으로 가꿔나가는 한 원장과 같은 주민에 의해 한옥마을의 생명력은 이어지고 있다.

남창당한약방을 보면서 다시 한 번 '한옥이란 무엇인가'에 대한 의문을 갖게 된다. 기둥-보 구조이든, 귀틀집이든 나무와 흙, 돌 등으로 구조를 짜야지만 한옥의 필수요건을 충족시킬 줄 알았다. 그런데 남창당한약방은 그렇지 않음에도 한옥이라는데 조금의 주저함도 없는 것은 왜일까? 철골을 나무에 숨기고 한옥의 모습을 만들어내기 위해 법의 허용범위 안에서 심각하게 고민하고 풀어낸 건축주의 한옥 사랑이 구조적인 모순을 뛰어넘은 한옥을 진화할 수 있게 한다고 본다.

2

3

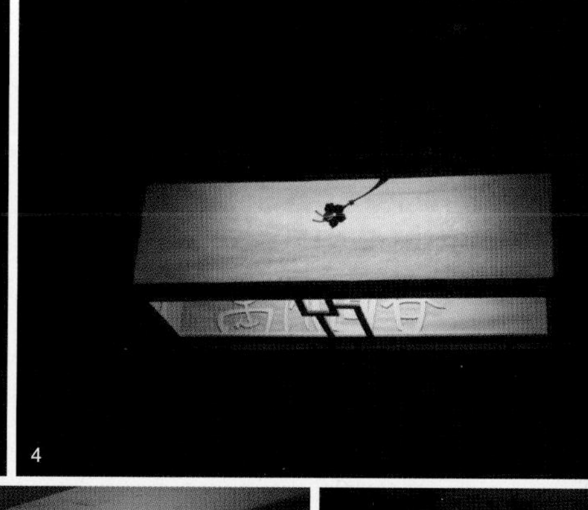
4

5

6

상업
공간
03

전통과 현대가 만나 화합을 이룬 집

뒤웅박

충남
연기군 전동면
청송리 3

박을 쪼개지 않고 꼭지 근처에 구멍만 뚫고 속을 파낸 바가지를 뒤웅박이라 한다. 뒤웅박은 종자씨앗을 보관하던 씨 바가지다. 가장 환경친화적인 방법으로 씨앗을 보관하는 방법이며 조상의 지혜이기도 했다. 늦가을에 완전히 익지 않은 박을 타지 않고 꼭지 부근에 손이 들어갈 만한 구멍을 둥글게 내어 속을 파내고 그대로 말린다. 거기에 끈을 달아 마루나 벽 같은 데 걸어 두고 꽃씨, 채소의 씨앗 등을 넣어둔다.

왼쪽_ 뒤웅박 고을은 건강한 참살이 음식문화를 계승하고자 조성된 전통 장류 테마공원이다. 장이 익어가는 뒤웅박 항아리는 3,000개가 넘는다.
오른쪽_ 뒤웅박의 한옥생활관인 동월당은 현대식 건축양식과 조화를 이룬 한옥으로 건물의 외형은 정면 5칸, 측면 2칸에 정면 2칸, 측면 2칸을 연이은 ㄴ자형의 겹처마 팔작지붕의 물익공 소로수장집이다.

전통장류의 현대적 계승

어머니·건강·자연이라는 세 가지 주제를 가지고 설립한 뒤웅박은 전통장류의 현대적 계승을 통하여 건강한 미래 음식문화를 개척하고자 하는 이념이 담겨 있다. 뒤웅박 고을은 미래의 건강하고 풍부한 음식문화를 열어갈 귀중한 씨앗을 가득 담고 있는 전통장류마을로 탄생했다. 뒤웅박 고을에는 어머니의 손길과 혼이 담긴 3,000여 개의 장독대가 장관을 연출한다. 장수마을인 뒤웅박 고을은 정직한 자연을 섬기고 가족의 건강을 생각하며 정갈하게 장을 담그던 우리네 어머니의 정성을 재연해 내는 곳이기도 하다. 약 4만 3,000m^2의 부지에 늘어선 장독대는 뒤웅박장독대를 비롯하여 해담뜰장독대, 팔도장독대, 어머니장독대 등 테마 장독대로 구성되어 있다. 이 땅의 흙으로 빚은, 이 땅의 곡선을 담은 항아리가 한옥과 만나고 있다. 한옥과 항아리, 우리의 몸처럼 체화되어 있었던 것들을 우리는 버리고 나서 다시 그리워하고 있다. 뒤웅박 고을은 그 그리움을 채워주는 곳이다.

뒤웅박은 전통생활 모습을 느낄 수 있는 전통생활 풍경원과 한옥생활관인 동월당이 자리 잡고 있다. 뒤웅박의 한옥생활관인 동월당은 반지하의 콘크리트 건물 위에 현대식 건축양식과 조화를 이룬 개량한옥으로 건물의 외형은 정면 5칸, 측면 2칸에 정면 2칸, 측면 2칸을 연이은 ㄴ자형의 겹처마 팔작지붕의 물익공 소로수장집이다.

현대한옥은 전통한옥의 정신과 형식적인 틀은 지키되 내부구조는 현재 우리 삶의 방식에 맞춰 내부의 시설이나 편의성이 계속 진화하고 있다. 전통한옥은 장점을 뒤로하고 춥고, 좁고, 가격이 비싸다는 단점을 가지고 있는 것도 사실이다. 타 공법과의 경쟁에서 소비자들의 자발적 선택을 이끌어 내려면 표준화, 모듈화로 성능을 개선하고 내구성을 좋게 하고 산업화로 경제성을 높이는 것이 중요하다. 이런 점에서 뒤웅박의 현대한옥이 우리에게 시사하는 바가 크다.

옹기의 생김새는 지극히 평범하면서 포용하는 아량과 덕을 지니고 있어 석물이나 토석담과 주위 환경과도 잘 어울린다.

1 동월당의 지붕은 암키와, 수키와, 막새기와, 망와와 머거불, 합각과 부자재를 청동으로 만든 청동기와로 했다.
2 동월당 우측에 원형의 연못을 만들고 주위에 잔디와 판석을 깔았다.
3 돌기둥을 하고 계자난간을 두른 우측 정면의 누마루는 수천 개의 장독이 즐비하게 늘어서 있는 뒤웅박 장독대를 한눈에 조망할 수 있는 곳이다.

1

2

3

단열을 보완한 기능성 창호

뒤웅박의 지붕은 평와와 막새기와, 망와와 머거불, 합각과 부자재를 청동기와로 했다. 한옥의 단열은 목재와 흙이 가진 물성이 단열의 전부로 취약한 단열을 보완하기 위해 LS시스템창호에서 개발한 시스템창호를 채택하여 사용하고 전통문양을 한 유리문을 덧달았다. 또한, 한옥의 외관상 색상을 고려한 창호를 선택했다. LS시스템창호의 시스템창호는 독일방식의 U-PVC(창틀을 만드는 데 쓰이는 강화플라스틱) 프로파일과 하드웨어를 사용하여 작동의 우수성과 안정성을 바탕으로 방음, 단열, 방범, 결로 방지 등의 효과를 발휘하는 기능성 창호이다. 다양한 개폐방식으로 통풍은 물론 시야 확대가 뛰어나며 닫았을 때 다중차단을 통한 뛰어난 밀폐성으로 외부로부터 소음은 물론 미세한 먼지를 차단하고 높은 에너지효율로 냉난방 효과를 달성하며 고정창과의 자유로운 조합으로 여러 가지 형태의 창을 연출하여 보다 격조 높은 실내공간을 연출할 수 있다.

입식부엌 위로는 다락을 두고 우측 정면의 누마루에는 수천 개의 장독이 즐비하게 늘어서 있는 뒤웅박장독대를 조망할 수 있는 곳으로, 누 밑에는 4개의 무쇠솥이 걸려 있는 함실아궁이를 설치했다. 이외에도 담장은 호박돌과 흙으로 만든 토석담을 낮게 두르고 마당에는 연못을 만들고 뜰 곳곳에 분재와 석탑, 석물을 놓아 기품을 더해 주었다. 동월당은 전통한옥의 기품을 간직하면서 편리하고 실용적인 기능을 지향하는 현대식 건축양식과 조화를 이룬 개량한옥이다.

4

5

1 길옆 석축 위로 호박돌과 흙으로 만든 토석담을 낮게 두르고 기와를 얹었다.
2 사랑채의 역할을 하는 누마루 밑에는 부뚜막이 없는 함실아궁이를 만들었다.
3 현관 계단에서 누마루를 바라본 모습으로 하엽석 위에 원형의 돌란대를 올려 간단히 돌난간을 만들었다.
4 돌난간을 한 계단과 전돌에 내민 줄눈을 한 고막이벽이 보인다. 머름 위에는 취약한 단열을 보완하기 위해 시스템창호로 했다.
5 누마루 밑 함실아궁이에는 네 개의 무쇠솥이 걸려 있다.

1 실내 내부는 개방감을 높이기 위해 긴 대들보의 오량가로 했다. 바닥은 온돌마루를 깔고 천장의 단연 부분은 우물반자로, 장연 부분은 서까래가 노출된 연등천장으로 했다.
2 한옥의 단열은 목재와 흙이 가진 물성이 단열의 전부로, 취약한 단열을 보완하기 위해 밖에는 시스템창호로 하고 안에는 전통문양을 한 미서기 유리문을 덧달았다.
3 시스템 주방가구로 꾸며진 현대식 부엌이다.

1 누마루로 바닥은 우물마루로 하고 창은 유럽식 시스템창호로 했다. 천장의 선자서까래가 정연하고 따스한 호박등이 정겹다.
2 고향의 향수를 불러일으키는 다락에 뒤주와 이층장이 놓여 있다.
3 다락의 바닥은 장마루를 깔고 천장은 우물반자로 했다.
4 전통한옥에서 외부에 있었던 측간을 현대식 화장실로 안으로 끌어 들여 편리성을 한층 높였다.

상업
공간
04

전설적인 일불사의 아자방 이름을 따서 지은 찻집

아자방亞字房

경북
청도군 각북면 남산리
1460-160

이천 년이 넘는 아자亞字 구들에서 유래된 아자방

구들도사로 불리던 담공선사가 선방인 벽안당을 아자亞字모양으로 구들을 놓았는데 이 온돌은 벽 둘레가 높고 가운데가 낮았다. 그 낮은 곳의 모양이 아자와 같아서 아자방으로 불렸다. 신라 효공왕 때의 일이다. 효공왕의 즉위 기간이 897년에서 911년까지이므로 천 년이 넘은 구들이다. 칠불사의 아자방을 일컫는 말이다. 아자방은 천여 년을 지내는 동안 한 번도 개수한 일이 없다고 한다. 초기에는 한 번 불을 때면 100일가량 따뜻했다고 한다. 100년마다 한 번씩 아궁이를 막고 물로써 청소하면 아무런 부작용이 없이 불이 잘 지펴져 방 주위의 높은 곳부터 따뜻해져 그 온기가 오래도록 유지되었다고 한다. 이 아자방은 유명해서 중국 당나라에까지 알려졌으며, 지금은 지방문화재 144호로 지정되어 있다. 방 구조의 탁월한 과학성과 그 독특한 온돌구조 때문에 1979년 세계건축협회에서 펴낸 세계 건축사전에 올라 있는 가히 국보급의 문화재이다. 『칠불선원사적기』에는 신라 6대 지마왕 8년, 119년에 축조하였다는 설도 있으니 이천 년이 되어가는 구들로 된 방이다. 이 전설적인 일불사의 아자방 이름을 따서 지은 아자방은 경북 청도군 각북면에 있는 전통찻집이다.

차실 한쪽에 이단으로 전시공간을 만들고 소반과 전통 소품을 진열하였다.

오른쪽 차실에서 바라본 툇마루의 모습이다.

한옥과 정원이 아름다운 전통찻집

이곳 주인장은 강상윤 씨로 1997년도부터 가꾸어온 야생화 석부작과 자연석으로 만든 인물상들이 가득한 곳으로 원래 조각공원이었다. 미술관으로 사용하려다 전통찻집으로 열었다. 아자방은 전통찻집으로 2,600m^{2}의 대지에 살림채 116m^2(35평) 1동과 찻집인 아자방채 83m^2(25평) 1동이 부용정芙蓉亭과 잘 어우러져 있다. 아자방은 정원이 있는 찻집으로 한옥과 전통 모습의 정원이 아름다운 찻집이다.

아자방에는 한국의 산하에 뿌리를 내리고 꽃을 피워서는 씨를 묻고 다시 봄이면 피어나는 야생화들이 있다. 바위솔, 흰별꽃, 돌단풍 등 이름만 들어도 정감이 가는 우리 야생초가 모여 산다. 아자방에는 야생화와 함께 자리하고 있는 것들이 있다. 분재, 수석, 태초에 모양을 가진 돌과 현무암 등이다. 무생물과 생명이 만나 또 다른 세상을 만들어 놓고 있다. 찻집 내부에 들어서면 각양각색의 규방공예품들이 한 자리를 차지하고 있다. 아자방 주인이 직접 제작한 공예품이다. 뜻밖이다. 아자방을 꾸밀 때에도 직접 참여했다고 한다. 규방공예품들과 찻집에 비치된 전통가구며 호롱, 경대 등의 소품들을 만나보는 재미가 쏠쏠하다.

ㄱ자형의 평면 중앙에 대청마루를 두고 좌·우측에 고즈넉한 다실을 꾸몄다.

향기가 가득한 아자방

아자방에서는 차를 즐기기 위해 마련된 다기가 놓여 있다. 우리 고유의 전통 차들이 종류별로 있다. 녹차와 국화, 감잎, 뽕잎, 쑥, 메밀로 만든 차가 준비되어 있다. 일상생활에서 쉽게 만나기 어려운 차다. 차의 참맛을 느낄 수 있도록 정성을 들인 차를 마실 수 있다. 오미자차는 적정기간 발효시키고 국화차도 3일 정도 달여 내어 향이 진하다.

꽃을 싼 종이에서는 꽃향기가 난다. 바람이 향기로운 곳에 있으면 사람도 향기로워진다. 아자방은 좋은 향기가 가득하다. 풀냄새와 꽃향기, 온실 야생화의 향기, 찻집 안 가득 퍼지는 녹차향기와 국화차의 달콤한 듯 진한 향기가 살아 있는 사람에게 웃음을 머금도록 한다. 아름다운 세상은 사람이 만들면 나름의 향기를 가진다.

아자방채 건물의 외형은 정면 4칸, 측면 2칸에 정면 1칸, 측면 1칸의 날개채가 이어진 ㄱ자형의 평면구성으로 다실 2개와 대청마루, 툇마루를 갖추고 있다. 이곳은 자연석기단 위로 자연석초석에 전체적으로 사각기둥을 하고 전면에는 격을 달리하여 원기둥으로 한 겹처마 팔작집으로 직절익공의 소로수장집이다. 부용정에 올라 마시는 전통 차 한 잔은 주변의 경치와 어울려 잠시나마 신선의 경지를 느끼게 해주는 곳이다. 잘 가꾸어진 연못의 아름다움과 그 위에 정자에서의 차 맛은 어떨지 제주의 화산석으로 잘 가꾸어진 분경들, 그리고 야생화들에서 자연의 신비로움을 느끼고, 온 종일 이곳에 있어도 좋을 것만 같다. 잘 정리된 실내장식들도 여주인장의 아름다운 심성을 말해 주는 듯하다. 밖의 풍경을 바라보노라면 세상사 모두 잊고 무아지경에 빠져들곤 한다.

왼쪽_ 툇마루로 밖은 통유리를 설치하고 현대적으로 기능성을 보완하였으나 전통한옥의 미는 간직하고 있다.
오른쪽_ 아자방 건물의 외형은 정면 4칸, 측면 2칸에 정면 1칸, 측면 1칸의 날개채가 이어진 ㄱ자형의 평면구성으로 뜨락에는 각종 수석과 분화가 가지런하게 전시되어 있다.

1 소나무가 비스듬히 드러누운 연못 축대는
자연석을 쌓고 주위에는 돌확과 해태상 등 석물을 배치했다.
작은 섬은 너른 자연석을 걸쳐 다리로 삼아 운치가 돋보인다.
2 모임지붕인 부용정芙蓉亭 뒤로 ㄱ자형의 겹처마 팔작집인
아자방亞字房이 산자락과 어울려 한 풍경이 된다.
3 방형의 큰 연못을 깊게 한 것은 둑 너머 청도천의
물이 스며들어 일정량을 확보하려는 것으로 보인다.
연못가에는 데크가 깔리고 탁자가 놓여있다.

3

상업
공간
05

치과&갤러리의 만남

알서림

서울시
종로구 가회동
1-42

글_ (주)북촌HRC 김장권 대표

변화와 답습이 빚어낸 감성공간

우리네 대표적 주거 건축물 한옥이 재조명을 받고 있다. 지난 반세기 동안 콘크리트 문화의 범람 속에서 한옥은 겨울엔 춥고 여름엔 비가 새고, 취사가 힘든 공간으로 홀대를 받아 왔다. 하지만, 삶의 질 향상에 따른 친환경 주거공간을 요구하는 세상, 이제 한옥은 자연과 벗을 삼고 여유로움을 만끽할 수 있는 감성공간으로 재탄생 중이다.

고건축을 기반으로 건축물을 만드는 데 있어서 건축가는 두 가지 고민에 빠진다. 고궁이나 사찰처럼 문화유산으로서 가치가 있는 것을 제외한 일반적인 고건축물의 건축행위에서 '답습이냐? 아니면 변화냐?'라는 화두 속에서의 갈등 때문이다.

알서림이라는 치과 병설 갤러리 역시 우리네 전통가옥인 한옥을 어느 부분까지 변화를 줘야 하고, 또 어디까지 원형의 모습을 지킬 것인가에 대한 갈등에 휩싸였다. 여기에 건축주는 "치과와 갤러리가 함께 공존하는 한옥을 만들고 싶다."라고 간곡히 부탁했다.

이번 현장에서 아쉬웠던 것은 알서림이 위치한 북촌지역은 서울시에서 직접 심의를 하기 때문에 원형에 충실할 수밖에 없었다. 이곳이 주거가 아닌 상업공간인 점을 고려하면 지금까지도 아쉬움이 많이 남는다. 한옥은 거시적 혹은 외형적 풍경에서 자연과 조화로운 어울림이며, 주변과 상호 배려하는 공간이다. 여기에 미시적인 실내공간은 인간에 대한 배려요, 휴먼스케일을 기본으로 하는 감성공간이다. 그래서 실내공간은 감성적 분위기 연출을 위해 전체를 연등천장으로 설계하였다. 특히 내부에서 중요한 빛과 그림자를 통해 시간의 흐름을 실내에서 느낄 수 있도록 창호의 크기와 형태를 원형에 충실하게 작업하였다. 한지를 통한 간접조명의 느낌 때문인지 실내공간은 예전과 달리 따뜻한 감성공간으로 변화시킬 수 있었다.

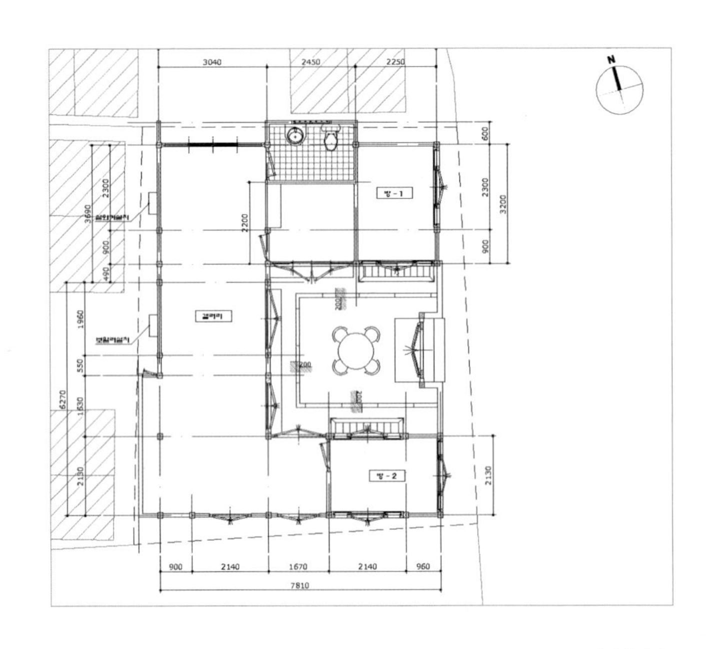

알서림 평면도

입면도

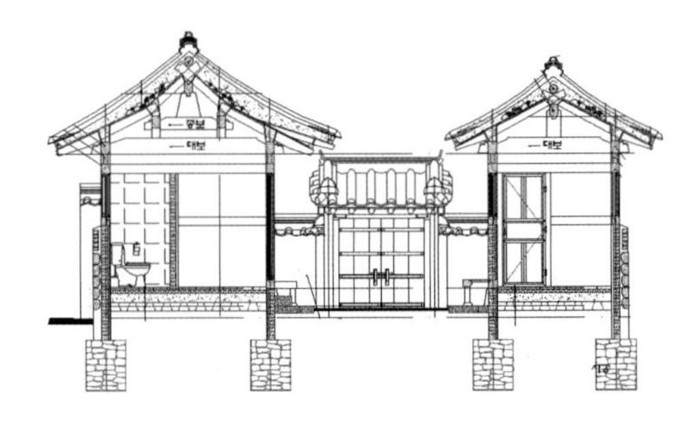

단면도

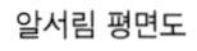

실내공간은 감성적 분위기 연출을 위해 전체를 연등천장으로 설계하였다.

(BNP Paribas)
展示會

한옥 세 채가 더불어 사는 구조

알서림 역시 외형적인 모습은 이웃한 치과와 어우러짐을 고려해 외벽의 모습에 통일감을 주었고, 접근성을 위해 대문의 위치를 큰길가로 이동했다. 그리고 실내에서 길 건너의 모습이 가려지지 않도록 일각문을 3번씩이나 높이를 조정하여 작업하였다.

알서림 건물의 외형은 정면 4칸 반, 측면 1칸 반에 정면 2칸, 측면 1칸 반의 우측 날개채와 정면 2칸, 측면 1칸의 좌측 날개채가 이어진 ㄷ자형의 평면구성으로 방 2개와 전시실을 갖추고 있다. 이곳은 경사지로 석축을 쌓아 수평을 맞추고 앞마당과 같은 높이의 기단 위에 사다리형초석을 놓고 사각기둥을 한 소로수장집이다. 정면을 바라본 좌측의 날개채는 홑처마 맞배지붕의 삼량가고 우측 날개채는 길 쪽에는 홑처마, 마당 쪽에는 겹처마 팔작지붕의 오량가로 위계를 달리했다. 중방 이하의 벽에는 돌을 붙인 후 벽돌로 마무리하고 중방 위에는 회벽으로 깔끔하게 마무리했다. e믿음치과와 붙어 있는 잔디밭 정원에는 가로질러 갈 수 있도록 나무토막으로 징검다리를 만들고 앞마당에는 자갈을 깔아 색다른 풍경을 연출했다. 상업공간이라 정화조가 차지하는 공간이 생각보다 컸고 마당 한복판에 자리 잡은 정화조를 가려줄 만한 무언가가 필요했다. 그래서 정화조 홈 위에 자갈을 깔아 운치 있는 공간으로 변화시켜 공간 활용 아이디어가 참신하다.

알서림은 전체적으로 치과와 같은 공간이라고 느낄 수 있도록 동선과 시선의 소통감을 주었으며, 치과라고 하면 조금은 무거울 수 있는 공간의 이미지와는 별개로 조명과 소품을 통해 밝은 느낌이 들도록 했다. 알서림은 2채의 e믿음치과와 나란히 붙어 있는 미술관 카페로 고쳐 결과적으로 한옥 세 채가 더불어 사는 구조로 카페와 치과를 연결하는 데는 마당이 큰 역할을 했다. 몸을 치료하는 공간과 마음을 어루만지는 문화예술 공간이 공존하는 곳으로 특별한 의미를 지닌다.

왼쪽_ 알서림은 2채의 e믿음치과와 나란히 붙어 있는 미술관 카페로 고쳐 결과적으로 한옥 세 채가 더불어 사는 구조이다.
오른쪽_ 건물의 외형은 정면 4칸 반, 측면 1칸 반에 정면 2칸, 측면 1칸 반의 우측 날개채와 정면 2칸, 측면 1칸의 좌측 날개채가 이어진 ㄷ자형의 평면구성이다.

1 정면을 바라본 좌측의 날개채는
홑처마 맞배지붕의 삼량가고 우측 날개채는 길 쪽에는 홑처마,
마당 쪽에는 겹처마 팔작지붕의 오량가로 위계를 달리했다.
2 대문은 실내에서 길 건너의 모습이 가려지지 않도록
일각문을 3번씩이나 높이를 조정하여 작업하였다.
3 2채의 e믿음치과와 나란히 붙어 있는 알서림 미술관은
한옥 세 채가 더불어 사는 구조로 카페와 치과를 연결하는 데는
마당이 큰 역할을 했다.

1 내부에서 빛과 그림자를 통해 시간의 흐름을 느낄 수 있도록
창호의 크기와 형태를 원형에 충실하게 작업했다.
2 삼량가와 오량가의 천장이 만나는 가구구성으로
한 폭의 예술작품이다. 서까래가 추녀 옆에 엇비슷하게 붙는
마족연으로 서까래 사이를 회벽으로 마감했다.
3 알서림 미술관에서 아자살 미서기문 사이로 바라본
e믿음치과의 남쪽에 있는 한옥 모습이다.

방에는 탁자가 놓여 있다. 아자살로 미닫이문과 창을 내었다.

상업
공간
06

테마가 있는 웰빙공간

에루화

경기
양주시 백석읍 기산리
182-2

서울교외선 장흥역에서 시작되는 8km의 장흥 유원지 석현계곡은 봄에는 산나물과 약초, 여름에는 차가운 계곡물과 우거진 숲, 가을에는 단풍, 겨울에는 설경과 산세가 아름다운 곳으로 이 일대는 밤나무와 갈참나무, 소나무가 어우러져 울창한 숲과 맑은 물로 유명하다. 장흥관광지의 계곡을 거슬러 올라 말머리 고개를 넘으면 눈앞에 시원스레 펼쳐지는 기산저수지가 있다. 기산저수지의 아름다운 풍경은 마음을 빼앗길 만하다. 장흥을 지나 기산유원지 방향으로 올라가다 보면 에루화라는 참숯가마가 있다.

왼쪽_ 바닥은 한식 각장판을 하고 한쪽에 좌식탁자를 두어 상담실로 활용하고 한쪽에는 네일아트 장식장이 놓여 있다.
오른쪽_ 피부경락마사지실로 건물의 외형은 전체 정면 4칸, 측면 1칸 반 규모로 전퇴가 있는 겹처마 팔작집의 소로수장집이다.

건강을 테마로 한 웰빙공간

에루화는 3,000여 평 규모에 전통으로 대나무 참숯가마와 황토구들 찜질방, 한식당, 한옥민박, 전통찻집, 피부경락마사지실, 낚시터 등 각종 테마로 구성된 웰빙공간의 종합문화공간이다. 특히 피부경락마사지실은 전통한방의 경락마사지를 하는 곳이다. 전통적으로 한방에서는 체내의 흐르는 기의 통로인 경락은 건강에서 매우 중요한 곳으로 여긴다. 경락마사지는 손등을 이용하여 경락에 자극을 줌으로써 기의 통로가 막히지 않게 해주고 또한 막힌 통로를 원활히 해주는 작용을 하여 목, 어깨, 허리 결림을 비롯해 비만과 위장장애 등에 빠르게 효과를 낸다.

전통한옥에 기능성과 편의성을 고려

피부경락마사지실 건물의 외형은 전체 정면 4칸, 측면 1칸 반 규모로 외벌대 기단에 원형초석을 놓고 전체적으로 사각기둥을 하고 툇마루의 정면에는 원기둥으로 했다. 후퇴가 있는 겹처마 팔작지붕으로 직절익공 소로수장집이다. 직절익공은 민가에서 많이 볼 수 있는데 새 날개 모양의 익공을 뾰족하게 하거나 물익공 형태로 만들지 않고 직절로 했다. 전통한옥의 형식을 벗어나지 않으면서 현대건축의 기능성과 편의성을 보강하였다. 특히, 간살이는 네 짝의 세살청판문에 창호지 대신 유리를 끼고 내부는 미서기 아자살로 하여 이중창으로 했다. 가구구조는 무고주 오량가로 천장은 서까래가 노출된 연등천장으로 하여 좁아 보일 수 있는 공간에 개방감을 주고, 저수지 쪽은 고주칸에 일조를 위해 폭이 넓은 광창을 설치하여 실내를 밝게 했다. 처마 모퉁이 추녀와 사래 옆에 부챗살 모양의 선자연은 끝이 한 꼭짓점에 모이지 않고 엇비슷하게 붙는 마족연으로 하여 시공할 때 편의성을 고려했다.

한옥은 자연을 거스르지 않고 자연과 인간이 공존하는 자연과 조화된 건축물이다. 전통한옥은 자연에 순화된 구조와 재료로 집을 지어 자연친화적일 뿐 아니라 환경을 잘 이용해 일조와 통풍이 우리 생활에 가장 적합하도록 설계되었다. 마당을 통해 하늘을 볼 수 있는 자연과 만나는 장을 마련하고, 뒷마당에서 앞마당으로 불어가는 바람을 대청마루에 앉으면 직접 체험할 수 있다. 담 너머로 보이는 산과 들이 주는 평안함이 얼마나 위로가 되는가를 여름날에 툇마루에 걸터앉으면 실감하게 된다. 에루화는 기와지붕에 기둥과 보 그리고 도리 등 기본구조를 충실히 받아들인 한식목구조양식으로 지어 품위가 느껴지는 곳이다.

왼쪽_ 외벌대 기단에 원형초석을 놓고 전체적으로 사각기둥을 하고 툇마루의 정면에는 원기둥으로 하여 격을 높였다.
오른쪽_ 툇마루를 우물마루로 하고 벽 쪽은 네 짝의 세살청판문로 했다.

1 무고주 오량가로 4칸의 내부를 하나의 실로 개방하여 시원스럽다.
2 입구에서 바라본 한식당이다.
3 본채에서 좌우 한 칸씩 돌출된 한식당의 대문이다.
4 목욕탕 건물에서 바라본 모습으로 곳곳에 쉴 수 있는 들마루가 놓여 있다.

위_ 한식당의 우측 날개로 겹처마의 팔작지붕이다.
창은 여닫이 세살 쌍창으로 하고 하방 아래쪽의 고막이벽을 벽돌로 막았다.
아래_ 한식당 내부. 삼평주 오량가로 한쪽은 대청마루에 좌식탁자를 놓고 한쪽은 실을 꾸며 회랑디자인으로 공간을 분할했다.

한옥과 대나무, 참숯의 만남

에루화는 대나무와 참숯을 이용한 참숯가마를 운영하고 있다. 『신농본초경』에 보면 대나무는 고혈압, 노화방지, 중풍, 심장질환, 파상풍, 임신빈혈, 불면, 과다음주, 피로회복 등에 탁월한 효능이 있다고 나온다. 참숯에는 정화, 정수, 탈취, 제독기능과 원적외선, 음이온 발산, 전자파 치매기능, 인체에 유익한 미네랄이 무려 220여 종이 함유되어 있다고 한다. 전통한옥으로 지은 '에루화'는 12개의 숯가마를 설치하고 담양지역에서 생산한 대나무만 사용하여 이용객들의 건강증진에 크게 이바지할 것으로 기대된다. 에루화는 기능성과 편의성을 강조한 현대식 상업공간이지만 우리의 한식기와에 전통 한식목구조로 지어져 더욱 정이 간다.

1

3

2

1 서까래가 노출된 연등천장으로
세살 문양의 등을 설치하여 한식당과 어울린다.
2 한식당 내부 한쪽에 입식테이블을 놓았다
3 목욕탕 실내. 색색의 우산 모양 한지등이
은은한 빛으로 곱다.

가양주의 맥을 이어주는

전주전통술박물관

전북 전주시
완산구 풍남동3가
39-3

글_ 이연건축 조전환 대표, 취재협조_ 전주전통술박물관

예로부터 우리나라는 고장마다 고유의 술을 담가 왔다. 그렇게 전해 내려온 다양한 전통술의 문화가 전주전통술박물관에서 되살아나고 있다. 우리나라 고유의 술에 관한 역사와 문화 그리고 실제 술을 빚는 과정에서부터 시음까지를 한자리에서 경험할 수 있다.

天衾地席山爲枕 천금지석산위침
하늘은 이불이요, 땅은 깔 자리, 산은 베개라.

月燭雲屛海作樽 월척운변해작준
달 촛불 켜고, 구름으로 병풍 치며, 바다로 술 단지 삼아

大醉居然仍起舞 대취거연잉기무
마음껏 취하고 있다가 홀연히 일어나 춤을 추나니

却嫌長袖掛崑崙 각혐장수괘곤륜
도리어 장삼 자락이 곤륜산에 걸릴까 꺼려지는구나.

승려의 몸으로 술을 마시기엔 겸연쩍어 곡차穀茶라는 말을 만들어 낼 정도로 술을 좋아했던 16세기 진묵대사震默大師의 시다. 석가의 소화신小化身이라고 칭할 정도로 불도에 정진하고 당대의 유교학자와 교류하면서도 민중과 함께 하는 넓은 그릇을 가졌다고 평해진다.

한 잔을 마주하고 앉아 마음을 나누면 친구가 되지만 자칫 추태를 부리면 원수로 만들기도 하는 술은 과연 언제부터 우리와 함께 했을까?

'과일이 후드득 웅덩이에 떨어져 진액이 생기고 발효된 것을 지나가던 원시인이 물인 줄 알고 먹었다가 그 물의 진기함에 놀라 술을 알게 되었다.'라는 추론이 아마 술의 기원일 것이다. 이 땅의 술은 그렇게 농경 생활과 함께 본격적으로 시작하였다.

고조선, 원삼국시대의 전래 곡주를 바탕으로 각 부족에서

계영원과 양화당이 ㄷ자로 배치되어 있다.
마당에서는 술을 빚는 체험을 하고 건전한 술 문화를 익히는 교육이 이루어지기도 한다.

는 제천, 영고, 동맹 등의 행사에서 밤낮으로 음식가무飮食歌舞를 즐겼다고 한다. 또한, 삼국시대와 통일신라시대에는 일본에 전래하기도 하고, 중국의 역사서에 한반도의 술을 격찬한 기록이 있을 정도로 우리나라의 주조기술과 술 문화는 번성했었다. 고려시대에는 대략 48종의 술이 '농상집요農桑輯要'를 비롯한 여러 문헌에 나타나고 송, 원과 교류가 빈번해지면서 중국의 양조법 또한 수입되었다. 아라비아에서 유래된 술이 원나라를 통해 우리나라에 소주로 전해진 것이 다양한 재료와 혼합할 수 있는 혼양주의 시작으로 본다. 조선후기 각 지방의 토속주와 반가에 전해 내려온 다양한 곡주가 가양주로서 전통주의 전성기를 이루면서 명문가에는 명주가 내려온다는 속설이 생겨나기도 했다. 고려시대와 일반 농가의 가양주까지 포함하여 조선시대에는 650여 종이 있었던 것으로 추정된다.

곡물을 재료로 한 곡주가 우리 술의 시초

가양주家釀酒란 집집이 담가 먹는 술을 말하는데, 우리 조상은 독특한 술을 담가 명절을 쇠고 손님을 대접하는 문화를 유지해 왔다. 그러나 개화기에 열강의 맥주, 고량주, 주정 등 수입 양주에 밀려 가내수공업 형태의 국내 양조업은 압박을 받기 시작했다. 일제 강점기 때는 주세령을 공포하여 개인이 술을 빚는 일을 금하면서 가양주 문화는 급속히 쇠퇴했고, 광복 이후에도 주세법 골격은 그대로 유지되었다. 한국전쟁 이후에는 식량 부족을 이유로 밀주단속까지 이루어지면서 650여 종에 달하던 전통주는 지난 1982년 불과 30여 종으로 줄어들고 만다. 우리의 다양한 가양주 문화가 획일화되고 규격화된 술 문화로 바뀌고 만 것이다.

과거 우리 조상이 손수 빚어 즐긴 가양주는 그 맛이 매우 달고 부드럽고 천연의 과일이나 꽃향기 같은 2~3가지가

왼쪽_ 양화당 내부에는 술 빚는 도구들이 전시되어 있다.

어우러진 깊은 향취가 있었다. 이러한 가양주는 평상시 준비해두었다가 식사 때 한두 잔 곁들여 마시는 반주의 성격이 강했다. 술을 반주로 즐기기 위해 저장성과 보존성이 높은 술을 빚게 되었는데, 발효과정에서 단맛이 강하고 향이 뛰어난 술이 만들어졌던 것이다. 서양에서 포도주와 맥주가 만들어진 것처럼 농경사회인 우리나라에선 곡물을 재료로 한 곡주가 술의 시초가 아닐까 짐작된다.

주식과 부식으로 삼는 곡식과 천연발효제인 누룩과 물을 원료로 하여 일체의 화학적 첨가물 없이 빚어지는 것이 전통주이다. 이에 반해 조향과 조색을 위한 첨가물을 넣고 대량으로 생산되는 술을 전통주라고 해도 좋을지 의문이 든다.

흔히 프랑스 와인을 분류할 때 보르도, 샴페인, 부르고뉴 등 산지와 농장이름, 연도로 구별한다. 우리나라도 지리적 여건에 따라 그 지역의 주생산곡물이 주재료에 부재료가 첨가되면서 정치, 경제, 문화적 필요에 의해 지역마다 독특한 전통주가 만들어졌다. 현재는 지역별로 정책적인 지원과 관리를 통해 우리 전통술의 맥락을 다시 잇고 있다.

서울은 각 지역의 특산물이 모이던 곳으로 가장 그 특성이 약해 문배주, 향온주 등이, 경기도에는 계명주, 옥로주, 충청도에는 면천의 두견주, 한산 소곡주, 아산 연엽주, 대전 송순주, 강원도에는 홍천 옥선주, 전라도에는 전주 이강주, 진도 홍주, 완주 송화백일주, 경상도는 경주 교동법주, 김천 과하주, 안동 송화주, 안동 소주, 제주 오메기술 등 수백 종의 가양주가 대표적이다. 사계절이 뚜렷한 우리나라에선 계절별로 나는 열매와 한약재들을 이용해 각종 향과 맛의 술을 만들고 마시는 시기에 따라 또 술을 분류할 수 있으니, 사실 술의 종류가 무한대라 해도 과언이 아니다.

1

2

3

1 전주 리베라호텔 쪽에서 바라본 전주전통술박물관 전경
2 양화당은 술 빚는 과정을 인형을 통해 재현해서 전시 중이다.
대들보 옆 스피커에서는 실제 옆방의 술 단지에서 나는 발효되는 소리가 들린다.
3 승려의 몸으로 술을 마시기엔 겸연쩍어 곡차穀茶라는 말을 만들어 낼 정도로
술을 좋아했던 진묵대사震默大師의 시다.

술 빚는 전 과정을 재현한 전시관

'전주전통술박물관'의 또 다른 이름은 수을관이다. '수을'의 고어는 '수불', 술을 빚어놓으면 부글부글 끓으면서 열이 발생하는 현상을 보고 물속에 불이 있다 하며 '수불'하였을 것이고, 이것이 '수불>수을>술'로 변화된 것으로 짐작한다. 2002년에 문을 연 전통술박물관(수을관)은 전주 리베라호텔 맞은편 약 595m²(180평) 대지에 265m²(80평)의 한옥건축물로 술 익는 냄새와 소리로 가득하다. 소멸해가던 전통가양주의 맥을 이어가며 우리 술 문화를 되살리는 곳으로 양화당과 계영원으로 나눌 수 있다.

대문에서 정면으로 보이는 양화당釀和堂은 인형과 사진, 도구들을 통해 전통 술을 빚는 과정을 재현해서 보여 주는 곳이다. 숙성실과 발효실에서는 스피커를 통해 술 익는 소리는 물론 술 익는 냄새도 맡을 수 있다.

계영원誡盈院에는 전통술과 관련된 제기 및 전주 이강주, 송화 오곡주, 송화 백일주, 복분자주, 감악산 머루주 등 각 지방의 전통주들이 전시, 판매되고 있다. 계영배戒盈杯라 하여 잔이 가득 차면 술이 새는 잔으로 절제하며 욕심을 부리지 않는 조상의 사상을 엿볼 수 있는 교훈적인 잔도 있다.

마당에는 유상곡수연流觴曲水宴을 재현할 수 있는 곡수거가 자리하고 있다. 굴곡진 수로에서 흐르는 물 위에 술잔을 띄우고, 그 술잔이 자기 앞에 올 때 시를 한 수 읊는 풍류놀이를 재현한 것이다. 통일신라시대에는 정교하게 다듬어진 여러 개의 돌을 이어 붙인 포석정 아래에서, 고려나 조선시대는 도랑을 파고 물이 흐르도록 수로를 만들고 주변에 대나무, 소나무, 난초, 석창포 등을 심어 조성하였다. 조선시대에는 창덕궁 옥류천에서 왕과 신하들 사이에서도 곧잘 이루어졌다고 한다.

왼쪽_ 수을관 편액. '전주전통술박물관'의 또 다른 이름은 수을관이다. 한 칸을 대문간으로 하고 위에는 홍살을 대었다.
오른쪽_ 술그릇은 오지독이나 자기로 된 단지로 속이 비치지 않고 햇빛이 들지 않는 것이 좋다. 다른 재료를 담았던 독들은 피하는 게 좋고 술을 빚었던 독이라 할지라도 매번 깨끗이 씻어 소독하는 것이 좋다.

술은 집안 어른으로부터 배워야 한다는 얘기가 있다. 옛 선인들은 모든 생활에 올바른 예법이 있어 사람의 몸과 마음을 혼미하게 할 수 있는 술에 관한 엄격한 예법과 주도를 지켰다. 향음주례鄕飮酒禮는 매년 음력 10월에 길일을 택해 고을의 유생이 모여 예절을 지키며 술을 마시고 잔치한 것으로 고려 인종 때 이를 행하도록 한 기록이 있다. 이 향음주례에 이용되는 제기들도 전시되어 술로 말미암은 폐해가 심한 요즘의 술 문화를 되돌아보게 한다.

술은 빚는 사람에 따라 그 맛과 향, 마실 때의 느낌이 달라진다고 한다. 재료 선정에서부터 누룩을 만들고 고두밥을 짓고 찧고, 누룩을 비롯한 재료들과 섞어 소독한 항아리에 담아 발효시키고 술을 떠내는 등의 복잡한 과정을 거쳐야 한 잔의 술이 완성된다.

적당한 때에 술을 빚고 적당한 때에 항아리의 뚜껑을 여는 데에는 수많은 시행착오와 정성이 필요하다. 온갖 첨가물을 넣고 대량으로 만들어낸 술을 마시며 쉽게 취해버려 사람 간의 예를 다하지 못하고 추태를 부리는 작금의 술 문화에 시사하는 바가 적지 않다. 정성으로 빚어진 술 한 잔을 마주하고 마음을 나누는 가운데 우리 전통주의 가치가 더욱 되새겨지길 바랄 뿐이다. 계양원 벽에 걸린 소야 신천희의 시 한 수가 술 한 잔의 유혹을 부추긴다

술타령

날씨야
네가
아무리 추워봐라
내가
옷사입나
술사먹지

_ 소야 신천희

1 취권, 취화선 등 영화에서 등장한 인물들이 술 한 잔을 권한다. 저들처럼 무술과 예술의 경지에 이른다면야….
2 얼큰하게 한잔한 얼굴들과 양조주를 증류시켜 소주를 만들 때 쓰는 소줏고리가 전시되어 있다.
3 유상곡수연을 하는 곡수거다. 떠돌던 술잔이 자신 앞에 멈추면 시를 한 수 읊고 한 잔 마신다.

1

2

3

상업
공간
08

천 년을 이어주는 백년찻집

팔공산 백년찻집

경북
칠곡군 동명면
기성리 212

백년찻집에는 큰 길 옆 풍판에 다茶가 새겨진, 물리적인 통제의 문이 아닌 마음의 문인 일주문이 있다. 한참을 걷다 보면 일각문인 대문이 보이고 문 양 옆에 달린 초롱불은 운치 있다. 어디를 가든 집 앞에 달아놓아 불을 밝히던 초롱불은 한국인의 심성 안에 따뜻한 불빛으로 남아 있다. 좌측 돌계단을 오르면 찻집에 이른다.

왼쪽_ 일각문인 대문에서 바라본 내부 풍경.
오른쪽_ 본채는 콘크리트로 위에 지은 건물이지만 한옥의 풍경과 정취는 그대로이다. 튼튼하면서 외형은 한옥을 지향하는 합리적인 경계가 빚은 찻집이다.

차와 시와 음악과 향이 가득한 백년찻집

차와 시와 음악과 향이 가득한 찻집으로 고즈넉하고 기품 있는 산사인 줄 알고 들어서 보면 가을바람에 풍경소리 낭랑하게 울려 퍼지고 분위기 가득한 전통음악에 깊은 차향이 온몸을 감싼다. 1999년 팔공산 한티재에 지은 팔공산 백년찻집으로 차만을 판다. 차를 마시는 사람들은 그윽하게 인생이 익어가는 소리를 들을 수 있을지 모른다. 마음을 자신으로 향하도록 하는 것이 사유고 성찰인데 차를 마시는 사람들은 그러한 성향이 있는 사람들이기 때문이다. 생각, 마음에 일어나는 정신의 움직임을 객관자로 바라보는 것이 혼자 있는 시간처럼 좋은 것은 없다. 차를 마시는 시간이 바로 그러하다. 백년찻집에는 주인의 마음을 담은 글인 듯 이러한 내용이 걸려 있다.

지자무위 우인자박 智者無爲 愚人自縛

지혜로운 이는 모든 것에 자유롭지만 어리석은 이는 스스로 속박한다.

백년찻집에 걸려 있는 글의 내용이다. 중국 수나라 때 선종의 제3대 조사인 승찬이 지은 신심명信心銘에 나오는 구절이다. 지식은 분별하는 데 필요하지만, 분별심이 갈등과 분열을 만들어낸다. 옳고 그름이 이 세상에는 없고 필요한 선택을 할 뿐이라는 것을 지혜로운 사람은 알게 된다. 지식으로 한계를 만들지 않고, 분별로 경계를 두지 말아야 한다. 갇히지 않는 것이 지혜다. 차를 마시는 사람은 이미 자유로운 존재이다. 자유를 꿈꾸고 자유를 위한 시간을 이미 차 앞에서 가지고 있으니 그렇다. 이런 글도 있다. "그대가 살아 있는 동안, 그대에게 일어나는 일들을 받아들이라"

고려 태조 왕건이 후백제의 견훤과 싸우던 중 왕건의 신하 신숭겸, 김낙 등 8명의 장수가 죽음을 맞이한 곳이라 해서 그 이름이 팔공산이라고 불린다. 팔공산의 8경은 무심봉의 흰 구름, 제천단의 소낙비, 적석성의 밝은 달, 백령에 쌓인 눈, 금병장의 단풍, 부도 폭포, 약사봉의 새벽별, 마지막으로 동화사의 종소리로 꼽는다. 이렇게 아름다움이 어우러진 팔공산에 자리 잡은 백년찻집은 팔공산을 더욱 은은하고 깊게 만든다. 백년찻집은 팔공산과 떨어지지 않고 동화되어 더욱 차 향기 아득하게 하는 곳이다.

1 정원을 잘 가꾸어 놓았다. 물의 흐름도 나무의 서 있음도
독립적이면서도 조화롭다.
2 안채 건물의 외형은 정면 4칸, 측면 2칸 규모로 혼합식기단에
호박주초를 놓고 원기둥을 한 겹처마 팔작집의 직절익공 소로수장집이다.
3 돌다리에 용이 새겨져 있다.
미끄러지지 말라고 양각을 해 놓은 부분의 기능적인 면보다
용이 누운 형상의 예술적인 면이 먼저 보인다.
4 조경이 잘된 마당 사이로 길을 내었다. 돌다리와 대문이 보인다.
5 본채는 지형의 기울기를 그대로 조화 있게 층위를 두어 지었다.
3층으로 보이는 건물 밑에는 콘크리트 건물의 판매점이 있다.

경사지에 지어 3층으로 보이는 한옥

백년찻집은 대문 안으로 조경이 잘된 마당과 안채와 본채가 ㄱ자형으로 배치되어 있다. 안채 건물의 외형은 정면 4칸, 측면 2칸 규모로 혼합식기단에 호박주초를 놓고 원기둥을 한 겹처마 팔작집의 직절익공 소로수장집이다. 간살이는 중인방 밑으로는 흙벽으로 하고 중인방과 상인방 사이에 네 짝의 세살분합문에 창호지 대신 유리를 끼고 위에는 세 짝의 넓은 광창을 설치했다. 살림집에서 하늘과 만나는 용마루는 착고, 부고, 적새로 이루어지지만, 격식의 해체로 이중으로 처리한 용마루가 특이하다. 처마 쪽에 거는 기와는 드림새를 붙여서 마감이 깔끔하도록 막새기와로 했다. 본채는 지형의 기울기를 그대로 조화 있게 층위를 두어 지었다. 급한 경사지에 축대를 쌓고 지어 외부에서는 3층으로 보이는 건물로 밑에는 콘크리트 건물의 판매장이 있고 위로는 목재로 필로티를 세워 데크를 설치하였다. 데크 뒤로 세워진 본채 건물의 외형은 정면 7칸, 측면 3칸으로 전체적으로 21칸의 큰 규모의 오량가 팔작집이다. 처마는 겹처마로 했는데 아래는 둥근 서까래를 위는 장방형의 부연을 덧달았다. 기와도 암막새와 수막새로 가지런하게 막아 고운 지붕선을 보여준다. 간살이는 통유리에 광창을 설치하여 시원스러운 조망을 확보했다. 내부는 한지등과 촛불 그리고 깊은 산 속의 멋진 대궐처럼 실내장식이 빼어나 멋스럽고 경사를 이용해 지어 경관이 뛰어난 찻집이다.

풍광이 아름다운 자연 속에 찻집이라니, 얼마나 호사더냐. 안으로 들어가면 은은한 듯 하면서 화려한 등이 실내를 밝힌다. 한지에 문양을 넣은 모습이 곱다. 전시해 놓은 다양한 토기와 다기의 아기자기한 모습과 백년찻집 마당에는 폭포를 만들고 물을 흐르게 하여 다리를 놓았다. 다리난간에는 용을 양각하였는데 사실적인 모습으로 조각해 멋이 있다.

왼쪽_ 대문에 붙은 글. 지자무위智者無爲 우인자박愚人自縛, 지혜로운 자는 모든 것에 자유롭지만, 어리석은 이는 자신 스스로 속박한다.
오른쪽_ 큰 길옆에는 풍판에 다茶가 새겨진 물리적인 통제의 문이 아니라 마음의 문인 일주문이 있다.

1 일주문에서 한참을 걷다 보면 일각문인 대문이 보인다.
2 아래 풍경을 내려다볼 수 있는 데크에 탁자를 놓았다. 이곳에 앉으면 풍경의 중심에 들게 된다.
3 처마는 겹처마로 아래는 둥근 서까래를 위는 장방형의 부연을 덧달았다. 간살이는 통유리에 광창을 설치하여 시원스러운 조망을 확보했다.
4 찻집 들어가는 길옆에는 찻그릇들이 전시되어 있고 벽이나 식탁을 장식한 보자기와 가게 안을 온통 채운 굵은 초의 몸통마다 쓰인 시구가 많은 생각을 하게 한다.

위_ 다기와 한지로 만든 등이 더없이 멋스럽다.
아래_ 향기와 더불어 맛도 그만인 백년차를 마시며 고요한 찻집의 정적 속에 잠겨 있노라면 생에 대한 통찰이 시간이 다가온다.

1 찻집에서 풍기는 나무 향과 가게 안에 피운 향이 은은하게 조화를 이루고
크고 작은 초들이 몸통에 불경을 새긴 채 불을 밝히고 있다.
2 전통 문양의 창살과 한지로 만든 등이 시선을 놓아주지 않는다.
3 오량가의 대들보에 걸린 팔각한지등. 쓰지도 달지도 않은 맛을 가진 차茶는
사람의 마음 안에 극한을 들이지 말라는 은유인지도 모른다.
4 자신을 태우고 빛이 되지 못한 것들은 흘러서 굳었다.
얼마의 세월이 지나야 이만큼의 멈춤이 될까.
5 풍속도를 보는 듯하다. 어렸을 적 보았음 직한 풍경이다.

콘크리트 한옥

토함산 백년찻집

경북 경주시
양북면 장항리
산 257-10

찻집, 차를 마시는 일이 호사임이 틀림없다. 맑은 공기에 자라는 찻잎을 따서 물로 우려내면 차가 된다. 산을 바라보고, 들을 바라보고, 물을 바라보며 차를 마시는 일은 자연을 깊이 체화하는 작업이다. 차를 마시기에 더없이 좋은 곳이 있다. 전통한옥의 모습을 갖춘 곳에서 차 한 잔 마시는 일이 인생의 향기가 된다. 전통카페 백년찻집이다.

왼쪽_ 소나무외 다양한 나무와 화초로 조화롭게 꾸며진 조경과 어울리는 폭포, 바위 위에 새겨진 곡수, 석탑과 석물들이 적절하게 배치되어 있다.
오른쪽_ 대문인 일각문에서 정면 5칸, 측면 3칸 규모의 본채를 바라본 모습으로 판석을 깔아 길을 안내하고 있다.

콘크리트 한옥, 백년찻집

경주 치술령재를 오르다가 중턱쯤, 입구에서부터 전통공예등 불빛을 따라 치술령휴게소를 들르면 휴게소로 사용하던 곳을 고쳐서 만든 전통카페 백년찻집이 눈부시게 들어온다. 백년찻집은 콘크리트 한옥으로 만들어져 마치 문화유적지와 같은 느낌이 드는 고풍스럽고 푸근한 이곳은 전통차를 은은한 우리 가락과 더불어 즐길 수 있는 전통찻집이다. 대문에서부터 내부까지 차와 관련된 한지에 곱게 쓰인 시와 문구가 길을 안내하기에, 손님들의 마음은 차 맛을 보기 전에 어느새 오래된 선비의 생활공간처럼 착각을 불러일으키는 곳이다. 차는 마음을 다스리는 향과 자연을 완상하면서 마셔야 제격이다. 차의 특이함은 혼자서 즐겨도 좋고, 함께 즐겨도 좋다. 혼자 마시면 차분히 깊어지고 함께 마시면 소통과 공유하는 마음이 있어 좋은 것이 차다.

추령재 백년찻집은 목재로 지어진 전통한옥이 아니라 콘크리트로 지었다. 시대에 다른 변화의 한 조짐이며 현재의 모습이다. 콘크리트 한옥으로 건물의 외형은 정면 5칸, 측면 3칸 규모로 두 단의 자연석기단 위로 원형초석을 놓고 원기둥을 한 겹처마 팔작집의 소로수장집 형태를 갖췄다. 돌담 사이로 일각문을 지나 판석을 깐 길을 걷다 보면 연못 위에 놓인 ㄱ자형의 구름다리를 만난다. 몸과 마음을 추스르고 다리를 건너면 은은한 전통미가 있는 내부공간으로 이어지는데 내부는 전통문양과 글을 넣은 사각형 · 육각형 · 팔각형의 갓을 씌운 전통공예등, 백년찻잔부터 5인 다기세트까지 다양한 다기, 백년큰양초를 비롯하여 다양한 초들이 전시되어 있어 보는 이의 눈을 즐겁게 한다. 백년찻집 정면 기단의 한 단을 낮춰 판석을 깔고 테이블을 놓았다. 문밖에 놓인 조그만 나무테이블에서 한약재 18가지를 넣어 만든 '백년차'를 마시며 자연을 벗 삼아 다담을 나눌 수 있는 곳으로 만들었다.

연못 위에 ㄱ자형의 구름다리가 놓였다.

1 추령재의 측면, 겹처마 팔작집으로 소로수장집의 형태를 갖췄다.
2 추령재의 측면 돌담에서 본 마당과 대문이다.
3 비가 온 뒤의 정원으로 청량감이 돈다.
4 돌담 사이의 일각문. 담은 옆으로 쪼개지는 돌의 성질을 이용해 담 하부는 방형에 가까운 제법 큰 자연석을 사용하고 위에는 하부의 자연석보다 작은 20cm 내외의 돌로만 쌓은 돌담으로 했다

한옥이 가진 공간성을 살리다

주위는 소나무외 다양한 나무와 화초로 조화롭게 꾸며 조경과 어울리는 폭포, 바위 위에 새겨진 곡수, 석탑과 석물들이 적절하게 배치되어 있다. 담은 옆으로 쪼개지는 돌의 성질을 이용해 담 하부는 방형에 가까운 제법 큰 자연석을 사용하고 위에는 하부의 자연석보다 작은 20cm 내외의 돌로만 쌓은 돌담으로 했다. 이런 요소들이 어울려 콘크리트 한옥의 차가운 느낌은 어디론지 사라지고 전통미가 있는 문화공간으로 자리 잡았다. 전통한옥의 목재가 가진 부드러움과 나무빛깔의 고운 맛은 없지만, 건축물의 수명이 길고 관리가 쉬운 콘크리트로 지은 한옥도 새로운 한옥의 한 형태가 되고 있다. 시간에 따라 변하는 한옥의 한 예를 백년찻집에서 만날 수 있다.

사람이 사는 땅에 날마다 찾아오는 해가 선물한 오늘이란 현재는 항상 긴장감이 감돈다. 만나는 그 순간이 한 사람의 인생이 되고, 백 년을 살아도 오늘 이외의 날은 만날 수 없으니 더욱 그렇다.

해가 서산에 지더라
큰 소리로 이야기하더라
나 진다!
구차히 살지 말어라

찻집 안에 걸려 있는 것으로 보아 주인장의 글인 듯싶다. 서산을 온통 붉게 만들어놓고 지는 해는 아름답다. 떠나면서 아름다운 것이 얼마나 되랴. 이별의 순간이 아름다워야 떠나는 것의 모든 것이 곱게 갈무리 되고 추억이 된다. 석양은 그래서 추억의 장소다.

백년찻집은 물의 흐름과 다리에 정성을 들인 것이 보인다. 한옥이 가진 공간성을 살려 여유에 발을 담그고 있다.

1 건물 정면 처마 밑과 전면에 팔각형의 갓을 씌운 전통공예등을 설치하여 은은한 전통미가 있다.
2 정면 기단의 한 단을 낮춰 판석을 깔고 나무테이블을 놓아 차를 마시며 자연을 벗 삼아 다담을 나눌 수 있는 곳이다.
3 수레바퀴도 정원의 소품으로 활용했다.

1 창은 현대적인 기능성을 고려하여 통창으로 하고 바닥은 우물마루로 했다.
2 내부실내장식은 전통문양과 글을 넣은 사각형·팔각형의 갓을 씌운 전통공예등으로 강조했다.
3 '벗이 올까, 임이 올까'라는 소망의 문구를 전통공예등에 담았다.
천장은 트러스를 설치하여 포인트를 주었다.
4 실내모습으로 벽의 단청 색과 팔각형의 전통공예등이 어울린다.

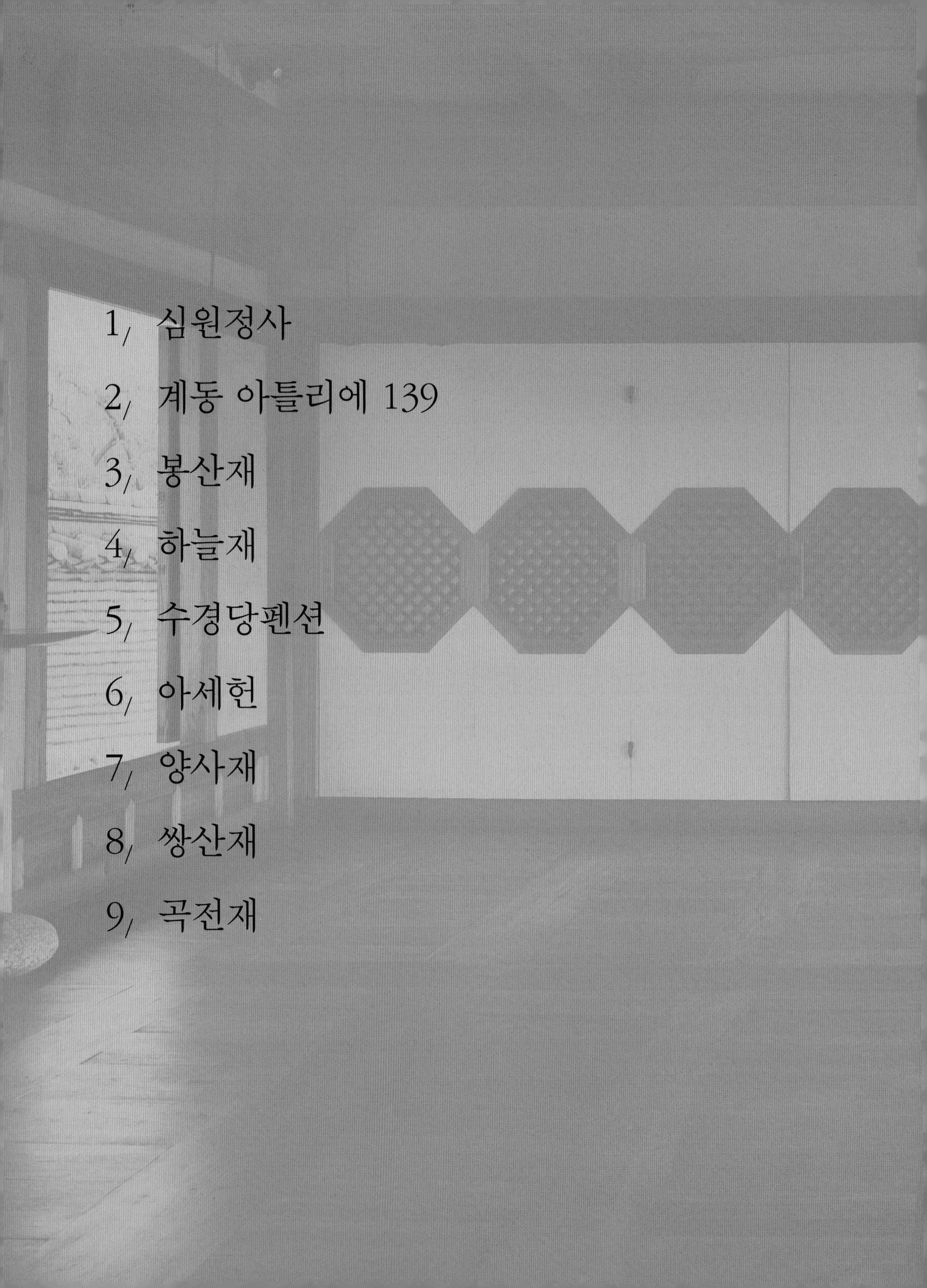

1/ 심원정사

2/ 계동 아틀리에 139

3/ 봉산재

4/ 하늘재

5/ 수경당펜션

6/ 아세헌

7/ 양사재

8/ 쌍산재

9/ 곡전재

주거공간

주거
공간
01

어머니가 지은 한옥

심원정사尋源精舍

경북
안동시 풍산면
하회리 626

전통이 고스란히 살아있는 현대한옥

한옥이 우리 시대에 맞게 다시 지어지는 것이 과연 가능한가. 그리고 필요한 것인가라는 물음에 그렇다는 해답을 찾을 수 있는 안동 하회마을의 심원정사를 찾아가 본다. 류홍우 윤용숙의 집인 심원정사는 하회마을의 전통가옥 양식을 그대로 따르면서도 현대적인 감각과 과학을 접목시킨 집이다. ㄷ자형의 민도리집으로 지붕은 팔작지붕이다. 목수 신영훈이 심원정사를 처음부터 끝까지 지도하여 완공했다. 전통이 고스란히 살아있는 현대한옥을 마련하는 일은 행운이다. 집은 주인을 닮기 마련인데 주인의 품이 한옥의 과학과 숨겨진 여유를 잘 알고 있었고 찾아내는 안목이 있었기에 하회마을에 새로이 한옥이 탄생할 수 있었다.

왼쪽_ 대청과 건넌방 사이에 여섯 짝의 들어걸개 불발기창을 달았다.
오른쪽_ 문얼굴 사이로 처마와 멀리 화산花山이 보인다. 한옥은 어느 부분이나 독립적인 틀 안에 가두면 풍경이 된다.

최고의 장인들이 만든 뛰어난 작품

심원정사는 이 시대의 최고의 장인들이 만든 뛰어난 작품이다. 신영훈, 신응수 목수에 의하여 지어진 심원정사지만 주인의 각별한 정성과 노력도 한몫했음을 인정하지 않을 수 없다.

호가 목수인 신영훈은 목조건축물을 짓는 일에 세상 누구도 따르지 못할 기술과 이론 상상력의 혜안을 가진 대목이지만 직접 대패질을 하는 목수는 아니다. 집짓기의 총감독을 하는 사람을 지유指諭라고 한다. 목수 신영훈이 평생해온 일이 바로 '지유指諭'다. 신영훈을 일컬어 '큰목수'라고 한다.

직접 작업에 참여한 신응수 목수는 중요무형문화재 74호 대목장 보유자로 최원식, 조원재, 이광규를 잇는 당대 제일의 전통 궁궐목수이다. 한국 고건축의 미를 현대에 복원시킨 우리 시대 최고의 대목장이다. 숭례문 공사부터 시작해, 불국사, 수원 장안문, 창경궁, 홍례문, 경복궁 등에 이르기까지 우리나라 대형 복원사업에 그가 있었다.

사람이 아름다워야 아름다운 집도 짓는다. 적어도 아름다움을 마음 안에 들여야 그 마음을 풀어놓을 수 있다. 목수의 마음 안의 풍경이 그대로 집이 되고 마당이 되고 뜰이 된다. 사람이 서서 사는 동물이듯이 나무야말로 서서 사는 생명이다. 올곧은 직립이 나무의 생이다. 나무를 다루는 장인도 곧지 않으면 제대로 된 집을 지을 수가 없다. 심원정사는 전통을 현대에 접목시킨 집이다. 박제된 집이 아니라 생활이 퐁퐁 살아있는 살림집이다.

마루와 온돌이 만나는 우리나라 한옥은 남방문화와 북방문화의 만남의 장소이다.
누마루는 돌출된 부분에 두어 여름이면 최고의 장소가 된다.

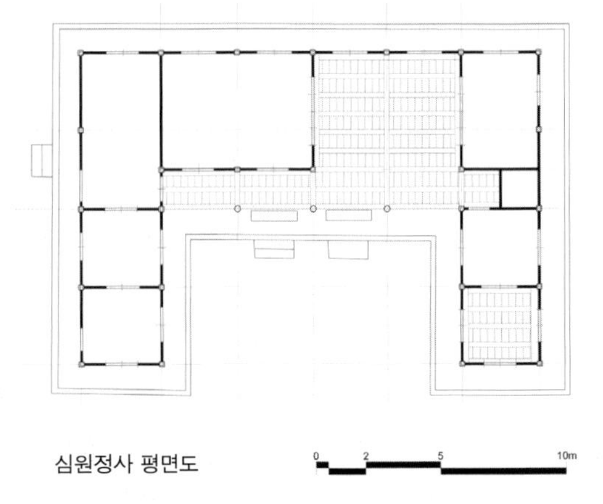

심원정사 평면도

1 마당이 비어 있고, 하늘이 비어 있는 곳에 심원정사가 있다.
2 토담 너머로 심원정사가 보인다.
3 ㄷ자형의 민도리집으로 지붕은 팔작지붕이다.
기단을 화강암 장대석으로 둘러 깨끗하고 정갈하다.
마당의 넓고 밝은 기운이 집에도 비친다.
4 앙곡으로 좌우 양쪽에 날개를 단 듯 가볍다.
바지랑대에 감을 주렁주렁 달아매 가을의 풍요로움을 느끼게 한다.

어머니가 지으신 한옥

심원정사의 창건은 처음부터 끝까지 목수 신영훈 선생님의 자상하신 지도 편달에 힘입어 전통적인 한옥의 완공을 보게 되었습니다. 「어머니가 지으신 한옥」이라는 과분한 책 제목을 지어 주시고 서문도 써 주셨으며, 서하 임창정 선생님은 '심원정사尋源精舍'란 당호와 새 집주인이 집을 짓게 된 내력을 훌륭한 문장으로 「심원정사기尋源精舍記」에 쓰셨습니다.

윤영숙 여사의 말이다. 윤용숙 여사는 터를 보러 다닐 때부터 집이 완성될 때까지 거의 일터에 머물면서 집이 완성되어 가는 전 과정을 꼼꼼히 기록했을 뿐만 아니라, 쇠장석 같은 자재를 대장간에서 만들어다 손수 검정을 먹이는 등 노력을 쏟았고 한옥이 지어지는 과정을 꼼꼼하게 깊은 속내를 가진 초보자로서의 자세로 기록한 「어머니가 지으신 한옥」이라는 책을 썼다. 한옥은 살아보면 조근조근 들려주는 한옥의 자연이야기를 들을 수 있다. 세월의 이야기도 가만히 귀 기울이면 들려준다. 나무가 들려주는 이야기들이 깊고 아득해서 산자의 가슴에 못을 박는다. 자연을 닮아가는 것이 사람 사는 일이라는 큰 울림을 한옥에서 들을 수 있다. 사람의 마음을 닮고, 사람의 치수를 닮은 한옥은 사람도 자연이라고 벼락 치듯이 가르친다. 더운 지방의 마루를 드리고 추운 지방의 온돌을 들여 놓은 한옥은 두 개의 문화가 만나 싸우지 않고 화합하게 하는 여유를 가르치는데, 화합의 비밀은 자연에 기대는 순한 마음이 한옥에 담겨 있어서이다. 극단과 극단이 만나는 현장에서 손을 잡는 친화력의 깊은 속마음에는 사람은 자연을 닮았고, 자연이라는 깨달음을 담고 있어서이다.

한옥에 발을 들여 놓는 순간 과학적이고 치밀한 공식에 의한 건축물이라는 것을 알게 된다. 또한, 한옥은 과학적이고 치밀함과는 상반되게 여유와 한가함도 동시에 지니고 있다. 극단의 만남이라고 했듯이 한옥은 묘한 신비가 있다. 덤벙주초나 도랑주 같은 자연주의와 오차를 허용하지 않는 앙곡과 안허리곡 같은 포용의 미학은 어느 건축물에서도 발견하기 어려운 덕목이다. 심원정사는 이 시대의 장인다운 장인들이 만나 창조적인 전통을 한껏 발휘한 집이다.

1

2

3

1 마당은 전통가옥에서 노동의 공간이면서
잔치의 공간이었다. 지금은 농사를 짓지 않아
잔디를 심거나 화단을 만들곤 한다.
마당이 밝으면 대청과 방도 환해진다. 또한
한옥의 처마는 깊어서 계절에 따라 받아들이는
빛의 양이 적절히 조절된다.
2 조경이 빛나는 마당이다.
가운데 마당은 비워두고 마당가에는 멋지고
품위 있는 나무들로 조경했다.
3 모과나무가 멋지다. 쭉쭉 뻗어 올라가는
나무도 좋지만, 몸을 뒤튼 골계미도 좋다.
4 한옥은 기단을 놓아 여름철에는
복사열과 습기로부터 보호하고, 겨울철에는
직사광의 햇빛을 잘 받아들이게 한다.
또한, 조망의 즐거움도 맛볼 수 있다.
5 기단과 디딤돌이 질서정연하고
목재는 나뭇결이 살아있어 생기가 돈다.
6 적막도 쉬어가고, 바람도 쉬어가는 듯한
한가함이 마루와 마당에 있다.
7 너른 마당에 작은 매화나무 한 그루가 주는
위안이 크다.

4

5

6

7

1 기단은 빗물로부터 목재를 보호하는 역할을 한다. 기단은 낙수가 밖으로 떨어지도록 설치한다.
2 와편굴뚝 위에 흙으로 집 모양을 빚어 만든 연가를 올리고 장독대 하단에 무병장수와 자손의 번성과 부귀를 상징하는 십장생 문양을 넣어 전통을 받아들인 현대화된 설치작품 같다. 와편굴뚝이나 장독대 모두 한옥의 아름다운 모습의 일부분이다.
3 장대석으로 세벌대의 기단, 계단과 디딤돌을 놓고 궁궐이나 절에서 쓰였을 원형초석 위에 원기둥을 세운 좌우 대칭의 균형미가 있다.
4 대청마루에서 안마당을 바라본 모습으로 한옥의 중심은 자신이 서 있는 자리이고 자신이 앉아있는 자리다.
5 대청에 다양한 장석으로 치장한 머름 위 우리판문을 구성한 장인의 뛰어난 솜씨도 일품이지만 나뭇결이 주는 따뜻한 느낌도 좋다.

1 한옥의 아름다움 중 하나인 부재를 드러내는 공법은 자신감에서 나온다.
가구 맞춤이 과학적이고 미학이 있어서이다.
2 평주가 서 있는 안쪽에 있는 기둥, 오량집으로 방과 툇마루 사이에 고주高柱가 들어섰다.
3 툇간의 구성이 듬직하면서도 단출하다.
4 장판은 한지에 콩댐을 하고, 천장은 종이반자, 창은 이중창으로 씽창과 영창에 한지를 발랐다.
한지는 천 년의 종이답게 바람과 빛과 시간을 통과시키며 강한 것을 부드럽게 만든다.

1
2
3
4
5
6

1 밖이 비치는 사창이 새로운 멋을 준다.
2 용자살 영창으로 영창을 통과한 빛은 부드럽고 순해진다.
3 머름 위 여닫이 세살 쌍창으로 분합문이다.
4 여닫이 세살 쌍창을 열면 미닫이 용자살 영창이다.
5 올이 성근 비단으로 만든 사창紗窓으로 방충 창으로 사용한다.
6 사창과 영창에 부드러운 노루가죽으로 문고리를 만들었다.
7 문얼굴 사이로 부용대가 보인다. 처마와 담의 지붕도 풍경이 된다.
8 세벌대기단을 놓고 위·아래에 디딤돌과 계단도 장대석으로 하여 조화를 이룬다.
9 팔작지붕 합각에 도자기로 구름 문양과 암키와로 문양을 내었다. 가운데 두 개의 구멍은 환기구 역할을 한다.
10 바깥행랑채의 대문간을 높게 만든 솟을대문이다.
11 토수吐首. 빗물을 막을 수 있게 신발을 신기듯 추녀 끝을 장식기와로 막았다.
12 긴 토담이 꺾이어 토석담으로 이어진다. 토석담 사이에 협문인 일각문을 내고 우진각지붕에 기와를 얹었다.

주거
공간
02

깊이감 부여한 작은 한옥

계동 아틀리에 139

서울시
종로구 계동
139-1

글_ guga도시건축연구소 조정구 대표

한옥의 보편적 틀 속 깊이감 부여

중앙고등학교를 향해 계동 길을 조금 오르다가 골목으로 들어서면, 한옥과 다세대 주택, 빌라들이 서로 얽혀진다. 그곳을 지나 다시 작은 골목으로 발길을 옮겼다. 휘어진 길을 따라 끝이 가려진 골목 중간쯤에 다다르면, 작지만 번듯한 계동한옥이 자리한다. 대지 43m²(13평)에 한옥면적 26m²(7.8평)밖에 되지 않는 그야말로 작은 한옥, 대지면적을 모두 건물면적으로 포함해도 모자라는 크기지만, 이곳의 공간은 나름대로 아기자기하고 여유로운 분위기를 갖고 있었다.

이제까지 북촌에서 작업한 30여 채의 한옥 중 가장 작은 계동한옥은 도시한옥의 매력이 무엇인지, 또 그것이 어떤 점에서 가능한 것이었나를 생각하게 한 작업이었다. 한옥의 기본설계에 관여한 건축가로서 그리고 건물이 지어지는 과정과 그 이후의 일들을 지켜본 관찰자의 관점에서 이야기를 풀어가고자 한다.

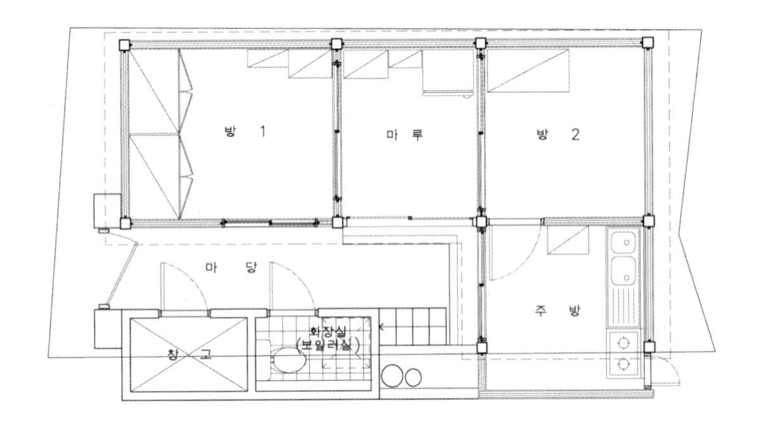

공사 전 평면도

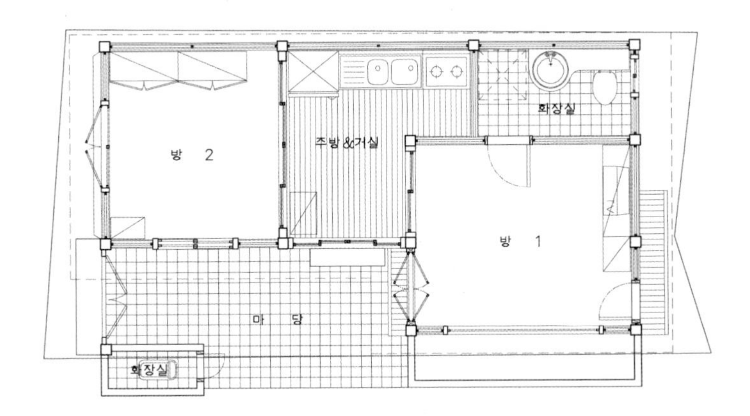

공사 후 평면도

경사진 길에서 옆집은 계동한옥보다 낮은 곳에 들어서 한옥의 높이도 조금 낮다.
대청에서 마당 너머 보이는 옆집의 나지막한 기와지붕이 특이한 풍경으로 다가온다.

작은 한옥이지만 공간이 여러 층을 이루어 깊은 공간감을 느낄 수 있는 구성이다.

먼저 부엌과 대청이 하나로 통합되어 길 쪽에 있는 방과 안쪽 방으로 나눠 들어가는 공간을 구성했다.

도시 한옥의 보편적 공간구성을 이해하다

계동한옥을 설계한 2002년은 북촌마을 가꾸기 사업이 막 시작된 시기였으며, 현대건축을 해오던 건축사무소로서, 여러 가지 시행착오를 거치면서 도시한옥이 무엇인지를 알아가던 때이기도 하다. 당시 혼자서 거주하던 건축주와 시공자의 처음 요구는 대지가 작으니, 될 수 있으면 마당을 없애고 한 채의 한옥을 대지 가득 설계해 달라는 것이었다.

하지만, 이 요구는 북촌마을 가꾸기 사업의 지원기준에 맞지 않았고, 무엇보다 이 작은 대지에 소중한 것은 '마당'이었다. 이에 마당을 중심으로 공간이 여러 층을 이루어 '작지만 깊은 공간감을 느낄 수 있는 공간구성'을 하고자 했다.

초기에 제안한 설계는 이런 의도를 담아, 마당을 차지하는 장독대를 없애고, 길에 면한 박공면 쪽으로 4짝의 창을 내어 길과 안팎이 소통하는 입면을 만들었다. 공간은 길에 면한 방을 손님들을 맞이하는 공적인 방(Public Space)으로 구성하였고, 더 안으로 들어가면서 부엌과 화장실 그리고 가장 안쪽에 마당을 중심으로 대문과 마주하는 개인적인 방(Private Space)을 두었다. 말하자면 이제까지 배운 바대로 Public에서 Private으로 진행하는 '현대건축의 합리적 계획'을 한 셈이다.

그러나 실제로 지어진 계동한옥은 이와는 달랐다. 먼저 부엌과 대청이 하나로 통합되어, 예전에 쓰던 것처럼 가운데 대청을 두어 먼저 들어선 후, 길 쪽에 있는 방과 안쪽 방으로 나눠 들어가는 공간을 구성했다. 처음에는 열심히 한 설계가 무시당한 것 같아 기분이 나쁘고 이해가 가지 않았지만, 계속하여 다른 한옥을 작업하고 계동한옥을 자주 들러 관찰하는 사이에 실제로 지어진 안이 계획안보다 나은 것임을 알게 되었다.

대문을 들어서면 마당이 나오고, 이곳과 연계된 대청은 각각의 공간으로 이동하는 통로로 이용되었다. 이러한 도시한옥의 보편적 공간구성은 오히려 이렇게 작은 도시한옥에 활력을 부여하는 근본적인 힘임을 깨닫는 중요한 계기였다. 여기에 더불어 계획안에서 시도하려던 공간의 켜-깊이감은 실제 안에서도 유지되었다. 골목길-마당-대문-툇마루-방-뒷문-뒷공간으로 이어지는 외부와 내부에 형성된 공간의 여러 켜는 시각적인 공간에 대한 깊이감과 함께 바람과 빛이 통하는 환경적인 역할을 동시에 한다.

왼쪽_ 길에 면한 박공면 쪽으로 4짝의 창을 내어 길과 안이 소통한다.
오른쪽_ 안쪽 방의 낮은 붙박이장 위로 빛이 들어오는 채광창, 그리고 그 너머 기와지붕이 바로 보이는 신기한 풍경이 연출됐다. 옆집 처마 아래 숨은 공간을 이쪽에서 붙박이장을 두어 수납공간으로 쓰고, 또 그 위로 빛이 들어오는 채광창을 두고 있음을 알 수 있다. 한옥들이 서로 붙어 어우러져 있지 않으면 이루지 못할 '집합의 형상'을 만들고 있는 것이다.

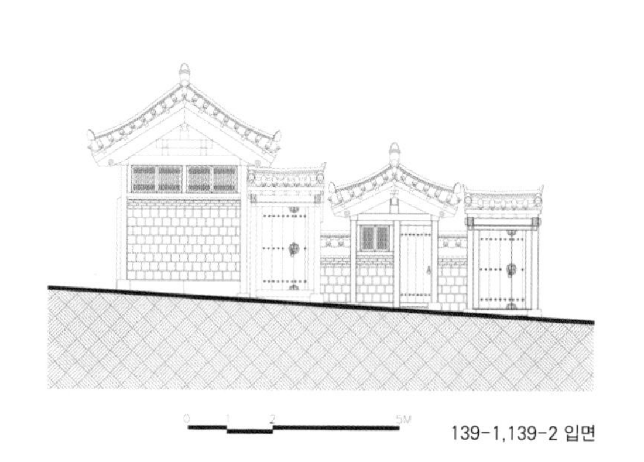

139-1,139-2 입면

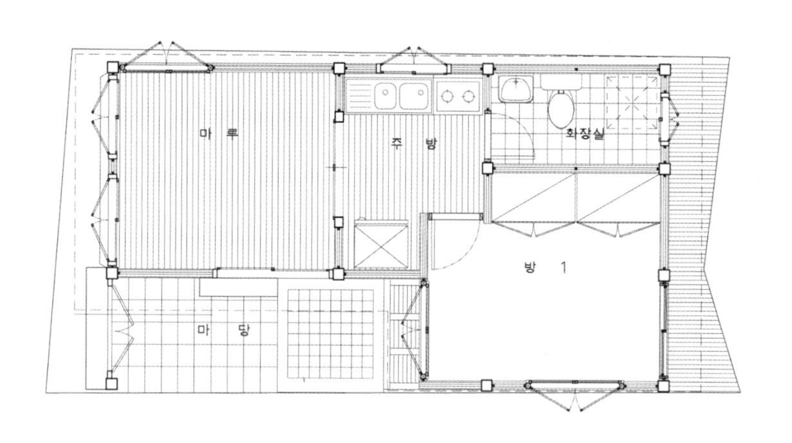

계획 평면도

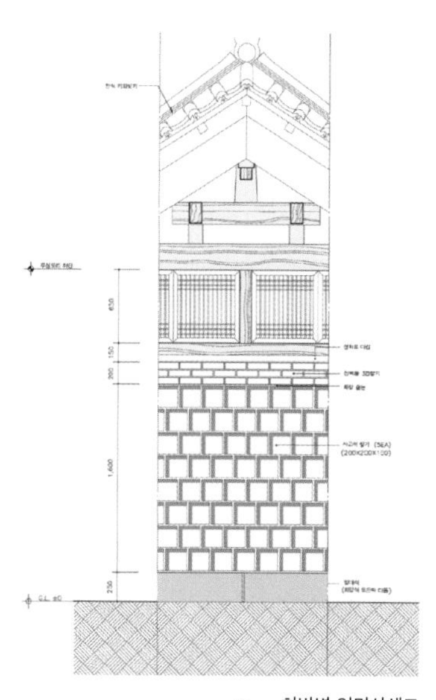

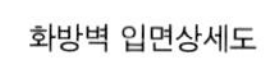

화방벽 입면상세도

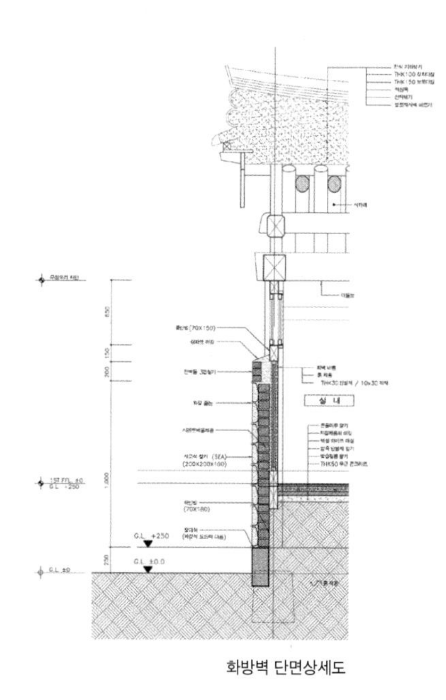

화방벽 단면상세도

왼쪽_ 한지 대신 유리창을 한 이중창으로 밖에는 여닫이 세살 쌍창으로 하고 안에는 안으로 열리는 여닫이 아자살 쌍창으로 했다.
오른쪽_ 문얼굴 사이로 홑처마와 대문이 보인다.

한옥들이 모여 만드는 집합의 형상

계동한옥을 짓는 중간에 바로 옆 한옥도 입면과 지붕을 고치겠다고 하였다. 작은 규모지만 골목에서 바라보이는 두 한옥이 나란히 선 가로 입면을 세심히 계획했다. 잘 보면 경사진 길에서 옆집은 계동한옥보다 낮은 곳에서 들어서고, 한옥의 높이도 조금 낮음을 알 수 있다. 그런데 이렇게 지형과 상황에 맞게 어우러져 사는 도시한옥들의 집합이 한옥 안에서 매우 특이한 풍경을 만들어 냈다. 대청에서 마당 너머 보이는 옆집의 나지막한 기와지붕과 안쪽 방의 낮은 붙박이장 위로 빛이 들어오는 채광창, 그리고 그 너머 기와지붕이 바로 보이는 신기한 풍경이 연출됐다. 잘 따져 보면, 옆집 처마 아래 숨은 공간을 이쪽에서 붙박이장을 두어 수납공간으로 쓰고, 또 그 위로 빛이 들어오는 채광창을 두고 있음을 알 수 있었다. 한옥들이 서로 붙어 어우러져 있지 않으면 이루지 못할 '집합의 형상'을 만들고 있는 것이다.

주인의 따스한 보살핌

현재의 집주인은 건축가 윤병훈씨와 조각가 문선영씨다. 제목에 나온 '계동 아틀리에 139'는 두 부부가 부르는 집 이름 '아틀리에 139'에 '계동'을 붙인 것이다. 현대건축을 동경하여 떠난 유학이지만, 오히려 그곳에서 그들이 가진 문화와 자산을 소중히 가꾸는 태도에 더 큰 깨달음을 얻었다는 두 사람은 이 집을 만나자마자 그날로 계약했다고 한다. 이렇게 시작한 집과의 좋은 인연은 지금도 계속되어, 집의 모습은 그대로 이면서 곳곳에 주인의 따스한 손길이 배어 있음을 느끼게 한다. 전통가옥에 산다는 오만함도, 예술과 디자인을 한다는 사치스런 행위도 없이, 집을 있는 그대로 느끼고, 집과 같이 살아가는 모습은 아름다울 뿐 아니라 우리에게 조용한 메시지를 전달해 주는 듯하다.

왼쪽_ 대문을 들어서면 마당이 나오고, 이곳과 연계된 대청은 각각의 공간으로 이동하는 통로로 이용되었다.
오른쪽_ 천장을 만들지 않고 서까래가 노출된 연등천장으로 했다. 오량가에서 처마도리에서 중도리에 걸치는 하단의 서까래를 '장연'이라 하고 중도리에서 종도리에 걸리는 두 단의 서까래를 '단연'이라 한다.

1 마당에서 대문을 바라본 모습으로
왼쪽에 측간이 있다.
2 계동한옥의 작은 대지에 소중한 것은 '마당'이다.
테이블을 놓기에 부족한 공간 한쪽에, 디딤돌에 걸쳐
놓은 짝 다리의 의자로 대신했다.
3 대지 $43m^2$(13평)에 한옥면적 $26m^2$(7.8평)밖에
되지 않는 작은 한옥으로 이곳의 공간은 나름대로
아기자기하고 여유로운 분위기를 갖고 있다.

주거 공간 03

문화교류의 복합공간

봉산재奉山齋

서울시 종로구 계동 73-6번지

글_ (주)북촌HRC 김장권 대표

개방을 통한 실의 기능과 역할 부여

봉산재는 건축주의 의견을 최대한 반영한 현장이다. 우리 전통을 간직하고 누리는 공간을 염원한 건축주 나성숙 교수(서울산업대학교 시각디자인과)는 이곳을 우리 문화를 배우고(Learning), 즐기고(Enjoying), 익히고(Training), 답사하고(Field trip), 재테크하기 위한 여러 가지 프로그램을 운영하고자 했다. 이와 함께 봉산재는 다양한 학습과 체험 그리고 한 잔 차의 향기를 느낄 수 있는 공간으로 설계가 진행되었다.

대지의 입지 환경은 설계자에게 있어서 첫 번째 풀어야 하는 과제다. 이미 이곳의 콘셉트에 대해서는 건축주와 상담을 통해 해결해 나갔지만, 도로변에 바로 인접한 가옥을 사랑방과 교육 공간 등으로 구획하기에 힘이 들었다. 이를 해결하고자 과연 봉산재에 어울리는 내부공간은 무엇인가에 대해 화두를 던졌다. 그 결과 접근성이 쉬운 도로 쪽 전면부에는 전시실로 구획하였고, 본체에서는 대청의 좌우 실室을 개방하여 작은 강의실 역할을 할 수 있도록 하였다. 두 번째의 과제는 원형 한옥에 대한 전통의 고찰과 새로운 인식부여에 따른 상호 충돌이었다.

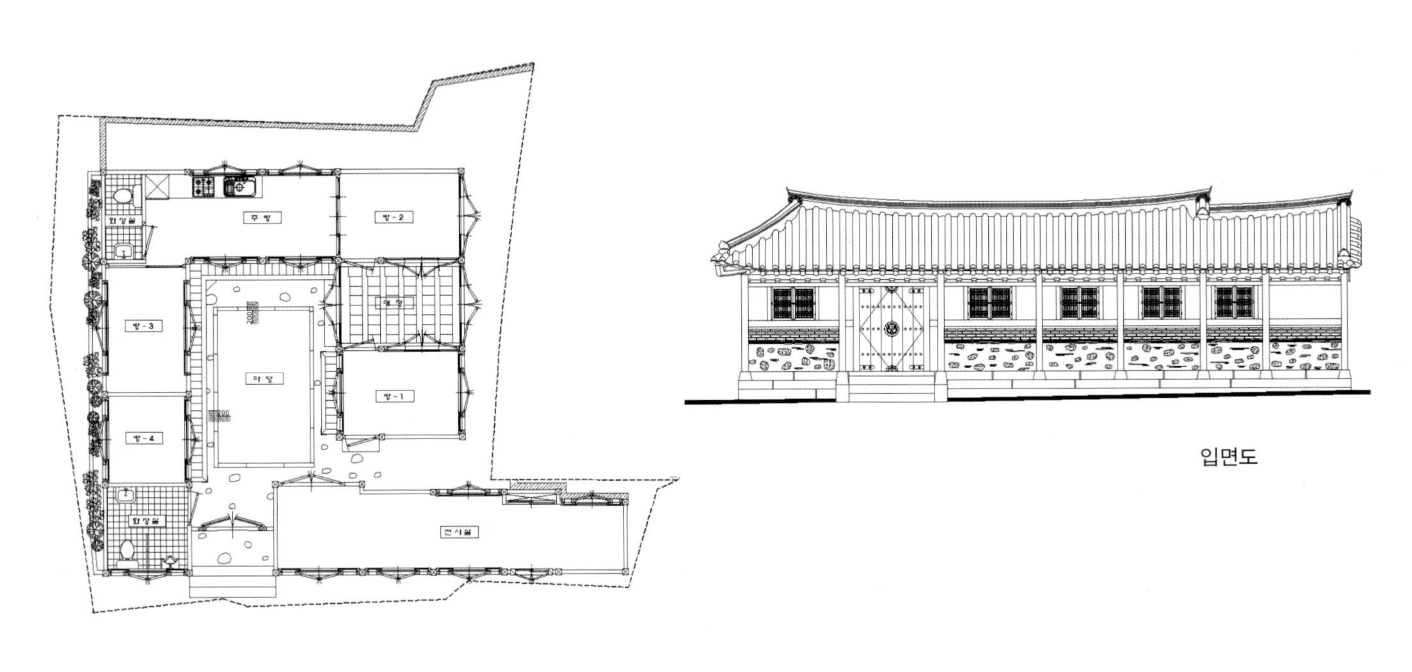

평면도

입면도

황칠, 주칠, 나전칠 등으로 만든 공예품들을 전시하는 전시공간이다.

시대와 문화에 맞게 변화하는 공간

하나의 건축물은 우리네 문화를 이야기해준다. 창, 문, 지붕, 구조 등은 그 시대를 짐작하게 해주는 역사적 사료로 쓰이기도 한다. 이런 상황에서 전통한옥의 틀에 맞추어 봉산재를 설계해야 하는가에 대한 내면적 고심이 따랐지만, 한옥 역시 21세기 문화의 접목이 필요하다는 결론을 내렸다. 한옥이 진정 사람의 배려가 있는 공간이라면 시대와 문화에 맞게 변화하는 공간이어야 마땅하기 때문이다. 봉산재는 기존 도시한옥을 2007년에 전면 보수해서 전시장으로 꾸몄다. 건물은 길에 면한 一자형의 바깥채 뒤로 ㄷ자형의 안채가 붙어 ㅁ자형의 형태이다. 상점으로 쓰이던 바깥채는 돌을 붙이고 벽돌로 무늬를 낸 화방벽이 붙여져서 고급스럽게 변했다. 계단을 따라 대문을 들어서면 좁고 긴 안마당이 아늑한 느낌이 든다. 문화교류의 장으로 만들고자 땀을 흘려 만든 봉산재에는 어떤 특별함이 숨어 있을까? 대문을 열고 들어서면 ㅁ자형의 구조를 통해 얻어지는 아늑함, 지붕과 겹처마의 액자 속에 담긴 사계절, 자연을 내부로 이끌어내려고 아기자기한 식재로 치장한 마당 등. 또한, 이곳은 한옥에서 얻을 수 있는 즐거움 중의 하나인 연등천장으로 작업하여 목재의 따뜻함을 느낄 수 있게 하였고, 대문 옆 왼쪽 작은방은 아궁이와 구들을 놓아 그 따뜻함을 더했다.

왼쪽_ 봉산재는 기존 도시한옥을 2007년에 전면 보수해서 전시장으로 꾸몄다. 건물은 길에 면한 一자형의 바깥채 뒤로 ㄷ자형의 안채가 붙어 ㅁ자형의 형태이다.
오른쪽_ 대문을 열고 들어서면 ㅁ자형의 구조를 통해 얻어지는 아늑함이 있다.

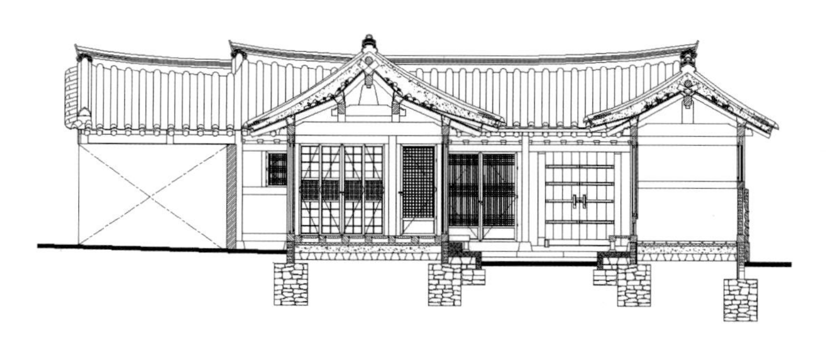

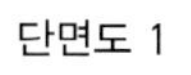

단면도 1

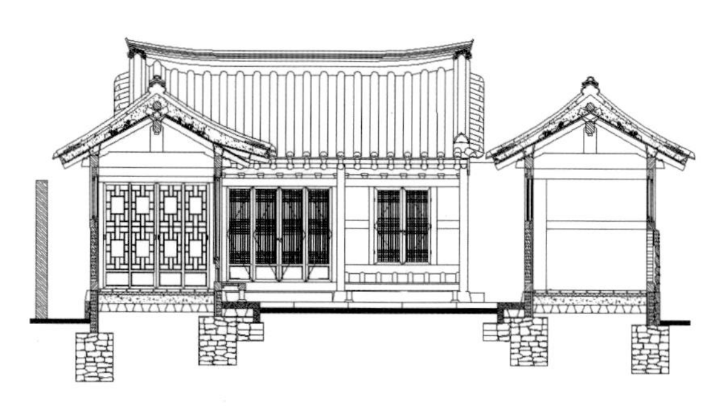

단면도 2

옻칠, 황칠의 문화체험공간

건물의 내부는 나성숙 교수의 옻칠, 황칠 작품이 전시되어 있고 작업실에서는 옻칠, 황칠 작업을 체험해 볼 수 있는 곳으로 건축주인 나성숙 교수는 기존 원주 옻칠 제품에 황칠과 나전을 이용한 시각디자인 요소를 가미하여 더욱 품격을 높였다. 옻칠은 방부작용과 원적외선 방출로 인체에 유익하여 예로부터 궁중과 사대부에서 사용하였다. 칠첩반상, 오첩반상, 수저, 도마 등은 음식물 보존과 함께 해충의 접근을 막는다. 황칠은 황금빛의 색깔로 안식향이라는 독특한 향기를 가지고 있으며 사람의 정신을 안정시키는 성분이 있어 정신 건강에 도움이 된다. 식물성 천연칠감 중 자외선에 강한 도장재는 황칠만 한 것이 없다. 벗겨지거나 물에 젖지 않으며 오랜 세월 동안 그 빛을 유지한다. 황칠은 천연 투명 칠감으로서 재질의 무늬를 돋보이게 하며 방청의 효과도 뛰어나다.

이른바 봉산재는 우리 한옥에서 전해져오는 여백의 미와 자연 그리고 인간이 함께 공존하는 삶의 공간이다. 여기에 건축주가 황칠을 사용해 만든 다양한 작품들이 이곳을 더욱 운치 있게 만들어 전통과 현대가 어우러진 문화교류의 복합공간으로 다시 태어나고 있다.

안채에서는 대청의 좌우 실室을 개방하여
작은 강의실 역할을 할 수 있도록 하였다.
자연을 내부로 이끌어내려고
아기자기한 식재로 마당을 치장했다.

대청마루로 우물마루에 서까래가 노출된 연등천장으로 했다.
뒤쪽은 네 짝의 세살청판분합문을 달고 방과 연결된 좌·우측은 각각 네 짝의
용자살분합문으로 팔각형 문양에 빗살, 정방형 문양에 만살을 한 불발기창을 설치했다.

1 도로 쪽에서 장대석계단을 오르면
한 칸을 내어 만든 평대문으로 이어진다.
2 지붕과 겹처마의 장방형 액자 속에
하늘을 담았다.
3 다기로 옻칠 위에 황칠과 나전을 한
고풍스러운 작품으로 빛깔이 곱다.
4 화장실벽에 나전으로 산과 새를 들이고
도기와 거울은 어미가 새끼를 거느린 형국으로
친자의 정이 느껴진다.
거울 좌측에는 두루마리를 꽂아 두는 고비를
걸어 두고 수납장을 대신 했다.
5 옻칠과 황칠을 사용해 만든
다양한 생활용품과 소반 등이 전시되어 있다.
옻칠 그릇들은 물푸레나무에13단계의
옻칠작업이 이루어져 방습, 방열, 항균성이
뛰어난 위생적인 식기이다.
6 방에 다양한 함들이 전시되어 있다.
함은 깊은 밑짝에 얕은 뚜껑을 경첩으로
연결하여 여닫을 수 있는 상자로
귀중품을 넣는 용도로 쓰인다.
7 바닥은 각장판을 하고 천장은 연등천장을
한 안채의 방으로 충량에 중도리를 건
가구구조이다.

4

5

6

7

주거 공간 04

한옥의 기품을 담은

하늘재

서울시 종로구 가회동 33-24

글_ (주)북촌HRC 김장권 대표

늘 그러하듯이 이번에도 부족함과 아쉬움이 뇌리에서 떠나지 않는다. 집 짓는 일을 업으로 하는 나로서는 그 아쉬움 속에서 그 해에 작업했던 공간 중에서 이런저런 이유 때문에 애정이 가는 현장이 있다. 바로 서울 종로구 가회동에 있는 하늘재다. 이곳은 공사 전 작고 허름한 모습 때문에 부성애를 유발하는 한옥이었다.

진화하는 한옥

한옥이라는 건축물은 인간을 자연으로 이끌어주는 편안한 공간이면서 어딘가 질서와 기품이 표현된 공간성을 갖춘 건축물이라고 여겨진다. 특히 현대한옥은 전통한옥의 정신과 형식적인 틀은 지키되 내부구조는 현재 우리 삶의 방식에 맞춰 내부의 시설이나 편의성이 계속 진화되어가고 있다. 실내공간은 칸막이가 사라지고 트는 형태가 많아지

단면도

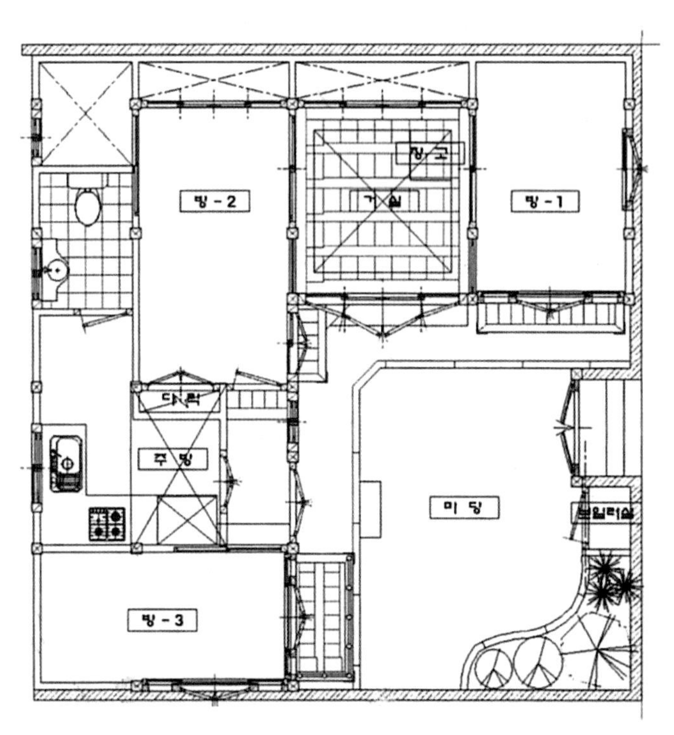

평면도

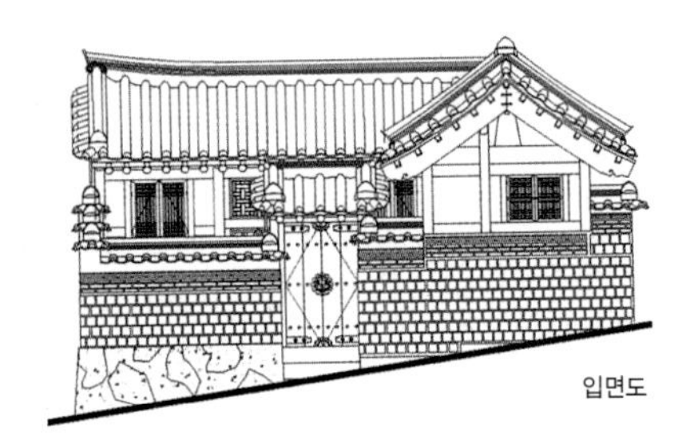
입면도

입면도

다락의 높이를 고려하여 방과의 단 차를 둔 주방 위에 다락을 두었다.
밖에서 보면 단층 한옥이지만 안으로 들어가면 상하공간을 적절히 이용하여 활용도를 높였다.

고 화장실이나 부엌 같은 별채 공간도 실내공간에 두고 방 하나는 아궁이를 이용한 찜질방으로 활용하기를 원한다. 비록 하늘재가 작은 공간이지만, 기품이 있는 현대한옥의 주거공간으로 꾸미는데 초점을 맞추었다.

집은 사람이 살지 못하면 집으로서의 생명력이 없어진다. 작은 대지 위에 사람이 생활하는 한옥의 공간 활용을 위해 주방 위 다락을 살려 수납공간으로 활용하면서 한옥이 가진 동심과 향수를 충족시키기로 하였다. 다락은 안방 아랫목에서 올라가는 계단을 만들어 드나들도록 한 공간으로 책이나 상용할 수 있는 마른음식을 넣어두기도 했다. 몰래 올라가 숨기도 하고, 또래끼리 모여서 놀기도 하던 공간을 살려 한옥의 맛을 부분적으로나마 느낄 수 있도록 했다. 낭만과 재미있는 이야기가 하나쯤 숨어있는 다락은 한옥에서 가장 높은 곳으로 현대한옥에서도 즐겨 채택되는 공간이기도 하다. 전통한옥에서는 아궁이와 마루의 공존으로 단 차가 생겨 부엌은 방의 높이보다 아래일 수밖에 없고 부엌의 상부 전체가 다락으로 부설되는 것이 일반적이나 현대한옥인 하늘재는 입식 부엌임에도 불구하고 다락의 높이를 고려하여 방과의 단 차를 두어 주방 위에 다락을 두고 채광과 환기를 위한 여닫이 쌍창을 달았다. 밖에서 보면 단층 한옥이지만 안으로 들어가면 상하공간을 적절히 이용하여 활용도를 높였다.

1 건물의 외형은 정면 4칸 반, 측면 1칸 반에 정면 2칸, 측면 2칸 날개채가 이어진 ㄱ자형의 평면구성으로 외벌대 기단 위에 사다리형초석을 놓고 사각기둥을 한 민도리집이다.
2 대청마루 문얼굴 사이로 평난간을 한 쪽마루가 보인다.
3 정서적으로 편안한 기운을 얻을 수 있도록 마당에 현무암과 판석, 자갈을 깔고 작은 야생화 조원을 꾸몄다.

1 누마루 형태의 쪽마루로 안과 밖의 경계에서 머물 수 있는 공간을 두었다.
2 길에 접하고 있는 측면으로 맞배지붕에 1고주 오량가다.
밑에는 장대석을 놓고 위로는 사괴석과 검은 벽돌로 화방벽을 쌓아 안정감이 있다.
3 대문의 좌·우측 기둥에 와편을 쌓고 전통문양을 넣어 전통미를 살렸다.

공간 활용을 통한 개방감 확대

후면에 있는 장독대와 슬레이트로 마감된 낡은 공간을 주방과 화장실 그리고 옷을 넣을 수 있는 실용적인 수납공간으로 만들었다. 또한, 주방 옆 마당 안쪽으로 나와 있던 비한옥부를 철거하고 누마루 형태의 쪽마루를 두어 안과 밖의 경계에서 머물 수 있는 공간을 두었다. 그리고 공사 전에 마당에 있는 비한옥부의 건축물과 화장실을 철거하고 정서적으로 편안한 기운을 얻을 수 있도록 마당에 현무암과 판석, 자갈을 깔고 작은 야생화 조원을 꾸몄다. 하늘재의 실내공간의 부족함을 누마루 형태의 쪽마루로 조망감을 확대하고 마당을 더욱 넓혀 개방감을 극대화하고, 높은 위치에 있는 지리적 이점을 최대한 살려 '초가삼간 중에 자기는 한 칸만 쓰고 달에 한 칸, 청풍에 한 칸을 주고 나니, 강산을 들일 데가 없어 둘러놓고 보겠다.'라는 마음으로 차경借景을 끌어들였다. 이외에도 전체적으로 내부천장을 서까래가 다 드러나 보이는 연등천장으로 하여 개방감을 높이고 벽지는 밝은색으로 통일하여 전체적으로 작은 대지에 지은 한옥이지만 작지만은 않은 한옥이 되었다.

하늘재 건물의 외형은 정면 4칸 반, 측면 1칸 반에 정면 2칸, 측면 2칸 날개채가 이어진 ㄱ자형의 평면구성으로 방 3개와 대청마루, 주방, 화장실, 다락 등을 갖추고 있다. 이곳은 경사지로 석축을 쌓아 수평을 맞추고 외벌대 기단 위에 사다리형초석을 놓고 사각기둥을 한 민도리집이다. 하늘재는 규모 면에서 우리 서민의 가옥이다. 그리고 도시형 한옥으로써 확장할 수 없는 가옥 형태의 표본에 속할 수밖에 없었다. 작지만 애정이 넘쳤던 하늘재. 우리 삶 속에서 자신의 역할을 충분히 발휘하기를 기대해 본다.

왼쪽_ 우리판문의 부엌문과 오른쪽에 전통문양을 한 이단의 미서기문과 위에는 네 짝의 광창을 달았다. 부엌문은 어머니가 이고 지고 새끼를 거느린 형국으로 부모와 자식간의 친자의 정이 표현됐다.
오른쪽_ 처마를 원형의 서까래에 방형의 부연을 덧달아 겹처마로 했다.

1 주방 옆으로 방과 방을 잇는 통로를 내었다.
2 전통문양의 두 짝의 미서기문이 보인다. 주방 위에는 고미반자를 하고 다락을 설치했다.
3 주방 옆으로 현대식의 화장실을 설치했다.
4 다락의 내부모습. 다락은 수납공간이면서 한옥이 가진 동심과 향수를 불러일으키는 공간이기도 하다.

주거
공간
05

황토방 한옥 펜션

수경당펜션

경기
양주시 백석읍
기산리 182-8

진화하는 한옥

진화는 계속된다. 한옥도 진화한다. 그곳에 사는 사람이 진화를 바라고 진화를 위하여 부단히 노력하니 한옥도 진화한다. 전통의 보존과 전통의 새로운 창조가 이루어지고 있는 한옥은 여전히 아름답다. 전통은 예스러움이 묵직한 느낌이 들고, 진화하는 한옥의 새로움은 발랄한 느낌이 든다. 수경당은 진화하는 한옥의 모습을 보여주고 있다.

한옥에서 자보기가 어려운 요즘이다. 남아 있는 한옥도 드물고 한옥으로 새로 짓는 집도 드물다. 우리의 피 속에 흐르는 한국적인 기질이 어디에서 출발하는가를 한옥에 가보면 느껴진다. 우리의 유전자에는 자연친화적인 요소가 들어 있고, 그것을 즐기려는 기질도 가지고 있음을 본다. 한옥에 들어가 생활해보면 몸과 마음이 편해지는 걸 느낀다. 대부분 한옥을 생각하면 불편하다고 생각하는데 한옥이 주는 맛과 멋을 알게 되면 중독된다. 다시 가보고 싶어지고, 그리워지는 곳이 한옥이다.

왼쪽_ 수경당펜션은 낮은 토석담을 두르고 있고 대문을 솟을삼문으로 했다.
오른쪽_ 별채인 수경당과 6개의 황토방으로 이루어진 본채가 있다.

건강을 꿈꾸는 한옥 펜션

수경당펜션은 장흥을 지나 기산유원지로 올라가다 보면 에루화라는 참숯가마 찜질방 옆에 자리 잡고 있다. 수경당펜션은 툇마루에서 저수지가 한눈에 내려다보이고 물, 흙, 바람, 나무가 한통속이 되고 사람도 더불어 풍경이 되는 곳이다.

수경당펜션은 민속촌에서나 본 듯한 큰 대문인 솟을삼문을 들어서면 별채인 수경당과 6개의 황토방으로 이루어진 본채가 있다. 별채의 건물 외형은 정면 3칸, 측면 1칸의 겹처마 팔작지붕으로 물익공 소로수장집이다. 전면의 한 칸은 한 단 높인 누마루로 우물마루인 쪽마루에 계자난간을 둘렀다. 3면의 간살이는 여섯 짝의 완자살 들어걸개문을 설치하여 들어걸개문을 걸쇠에 걸면 밖과 안이 하나가 되어 자연과 소통하는 중심공간이기도 하다. 누마루 뒤의 방은 옥돌을 깔고 실내장식은 황토와 한지 그리고 잘 드러난 평사량가의 가구구조를 잘 살려 현대식 찜질방에 온 듯한 공간으로 취사를 겸할 수 있도록 했다. 본채의 건물 외형은 정면 6칸, 측면 2칸의 규모로 전체적으로 원형초석에 사각기둥을 하고 툇마루 전면에만 원기둥을 한 전퇴가 있는 물익공 겹처마 팔작집이다. 툇마루에는 각 실의 프라이버시를 고려하여 6개의 황토방 사이에 만살청판의 간이벽을 설치하고, 하방의 아래쪽에 초석 높이만큼 공간이 뜨는 고막이벽을 검은 벽돌로 마감하고, 툇마루로 오르는 디딤돌은 장방형의 장대석으로 처리했다. 수경당펜션은 낮은 토석담을 두르고, 마당에는 장대석과 맷돌로 디딤돌을 놓아 동선을 확보하고, 저수지에 접하는 전면에 넓은 데크를 설치하여 휴식공간으로 활용하고 있다. 본채의 방에서 문만 열면 넓은 정원과 저수지가 한눈에 들어오고 굳이 나가지 않아도 물에 뜬 기분을 느낄 수 있는 곳이다. 옛 선비들이 풍류를 즐기던 서원에 온 듯한 착각이 든다. 수경당을 이용하는 사람에게 주인은 손에게 이렇게 권한다.

수경당 옆에 있는 에루화에서 전통 숯가마를 그대로 살린 대나무 참숯가마 찜질을 하고 참나무장작 회전가마 바비큐로 구운 오리고기를 먹고 야외에 마련된 족욕장에서 족욕을 하고 수경당에 와서 한숨 자고 나면 여기가 천국이요 무릉도원이라고.

아랫목과 윗목이 있는 온돌을 구경하기는 어렵지만, 산바람이 들렀다가 나가고, 강바람이 들렀다 가는 한옥에서 쉬는 것은 자연인의 꿈을 꾸게 한다. 자연과 인간이 만나는 곳에 집이 있다. 산과 물이 만나는 그곳에 지어진 수경당펜션은 쉼터로써 적격이다. 기와지붕에 황토방으로 꾸며 현대의 편리성과 함께 건강을 꿈꾸는 한옥 펜션이다.

왼쪽_ 민속촌에서나 본 듯한 대문으로 삼문 중에서 가운데 칸을 특별히 높여 격식을 갖춘 솟을삼문이다.
오른쪽_ 안마당에는 장대석과 맷돌로 디딤돌을 놓아 동선을 확보했다.

1 본채와 별채 사이에서 바라본 안마당의 모습이다.
2 별채 정면에서 본채를 바라본 모습. 본채는 전체적으로 원형초석에 사각기둥을 하고 툇마루 전면에만 원기둥을 한 전퇴가 있는 물익공의 겹처마 팔작집이다.
3 누마루 문얼굴 사이로 전퇴의 본채가 보인다.
4 저수지에 접하는 전면에 넓은 데크를 설치하여 휴식공간으로 활용하고 있다.

1 수경당의 건물 외형은 겹처마 팔작지붕으로 물익공 소로수장집이다.
전면의 한 칸은 쪽마루를 우물마루로 하고 계자난간을 둘렀다.
2 안마당에서 토석담 사이로 저수지로 통하는 길을 내었다.
3 겹처마 팔작집인 본채의 뒷면으로 전체적으로 벽체는 황토벽돌을 쌓고 하방의
아래쪽에 초석 높이만큼 공간이 뜨는 고막이벽을 검은 벽돌로 마감하여 대조를 이룬다.
4 저수지에서 계단을 오르면 수경당펜션이다.

1 누마루로 3면의 간살이에 들어걸개문을 설치하여 걸쇠에 걸면
안과 밖이 하나가 되는 자연과 소통하는 중심공간이다.
2 전면의 한 칸은 한 단 높인 고상마루로 누마루의 형식이다.
3 누마루 전면에는 여섯 짝의 완자살 들어걸개문을 설치하였다.
4 누마루 뒤의 방은 옥돌을 깔고 내부 실내장식은 황토와 한지
그리고 잘 드러난 평사량가의 가구구조를 잘 살려 현대식 찜질방에 온 듯한 공간이다.

주거
공간
06

우리 소리 체험관

아세헌雅世軒

전북 전주시
완산구 풍남동3가
47-1

전주한옥마을 안에 있는 아세헌은 한옥의 멋이 돋보이는 집이다. 한옥의 아름다움에는 화려하지 않으면서 품격이 있고, 소박한 듯하면서 그윽함이 있다. 드러내지 않지만 결국에는 은근한 아름다움이 드러난다. 아세헌이 그렇다. 생활 한옥으로 지어 편리하면서도 한옥의 특성을 잘 간직하고 있다.

왼쪽_ 대지 429m^2(약 130평)에 건축연면적 168m^2(약 50평)로 ㄴ자형의 안채와 별채가 마주하며 정면에서 보면 정면 7칸에 솟을대문이 있는 대문간채의 역할도 겸하는 ㄷ자형의 평면구성이다.
오른쪽_ 2칸의 대청마루 앞뒤로 각각 네 짝의 세살분합문을 달아 만든 마루방으로 공연공간으로도 쓰인다. 청아하고 부드러운 음색의 대중적인 국악기인 가야금이 좌·우측에 세워져 있다.

한국 소리 한옥민박집

아세헌은 아름다운 사람들의 집, 혹은 우아한 세상이라는 뜻의 한옥민박집이다. 아세헌은 다양한 볼거리와 묵어갈 수 있는 체험의 공간이다. 한국음악체험교육관으로서 판소리, 가야금, 가야금병창 등 우리 전통음악을 체험할 수 있는 공간으로 숙박과 함께 우리 소리와 전통악기 연주를 감상하고 배울 수 있다. 또한, 한복 입어보기, 쪽머리하기, 전통장신구 착용을 통하여 우리 전통의복의 아름다움을 느낄 수도 있다.

아세헌은 안채와 별채에 다섯 개의 방과 대청마루가 있는 대지 429m^2(약 130평)에 건축연면적 168m^2(약 50평)로 지어진 개량한옥이다. 아세헌은 ㄴ자형의 안채와 별채가 마주하며 정면에서 보면 정면 7칸에 솟을대문이 있고 대문간채의 역할도 겸하는 ㄷ자형의 평면구성이다. 실마다 화장실이 설치된 방 5개로 풍류당, 취접당, 부용당, 백운당, 목영당이란 이름을 가지고 있고 대청마루 2개, 측간 등을 갖추고 있는 개량한옥으로 국악인 박윤희 씨가 위탁 운영하고 있다. 안채건물의 외형은 정면 4칸, 측면 2에 정면 1칸, 측면 2칸의 날개채가 이어진 ㄴ자형의 평면구성으로 방 3개와 대청마루, 사무실을 갖추고 있다. 이곳은 두벌대장대석기단 위로 사다리형초석에 사각기둥을 한 겹처마 팔작집으로 직절익공 소로수장집이다. 2칸의 대청마루 앞뒤로 각각 네 짝의 세살분합문을 달아 마루방으로 쓸 수 있는 공간으로 했다. 별채 건물의 외형은 정면 4칸, 측면 2칸에 정면 1칸, 측면 반 칸의 날개채가 이어진 ㄴ자형의 평면구성이다.

아세헌은 작은 마당을 한가운데에 두고 있는 ㄷ자형의 한옥이다. 하늘이 열린 가운데 마당은 아파트나 다세대주택에서 살아온 사람에게 특별한 선물 하나를 선사하 듯, 열린 공간을 만나게 되는 여유가 특별한 감흥을 준다. 아세헌은 창호지로 바른 문풍지를 뚫고 들어오는 아침 햇살이 투명하고 방안에 가득하지만 눈부시지 않고 은은하다. 아침 햇살이 한지를 통해서 들어오는 풍경의 한가운데 앉아 있는 느낌은 고향 집에 온 듯 마음을 편안하게 내려놓게 된다. 아세헌은 제법 알려져 외국인들이 마당을 중심으로 마루에 걸터앉아 책을 읽기도 하고 담소를 나누기도 한다. 때론 내국인 보다 한국의 정취를 느끼려는 외국인이 더 많은 곳이기도 하다. 우리가 잃어버린 한국적인 전통과 한옥을 외국인들이 먼저 알고 찾아오고 있다.

왼쪽_ 아세헌은 실마다 화장실이 설치된 방 5개(풍류당, 취접당, 부용당, 백운당, 목영당)와 대청마루 2개, 측간 등을 갖추고 있는 개량한옥으로 한옥체험을 할 수 있는 곳이다.
오른쪽_ 500년 된 은행나무 옆을 흐르던 실개천을 현대적 의미로 재해석한 길이다. 길이가 557m나 되는 은행나무 길은 밤에는 더욱 빛나 색색으로 물들인다.

1 안채의 부용당에서
대문간채를 바라본 모습이다.
2 안채와 별채 사이의 안마당에 들마루가
놓여 있어 여유로운 쉼터로 이용된다.
3 대문에서 안채를 바라본 모습.
안채 건물의 외형은 정면 4칸, 측면 2칸에
정면 1칸, 측면 2칸의 날개채가 이어진
ㄴ자형의 평면구성으로 방 3개와 대청마루,
사무실을 갖추고 있다.

전통문화가 있는 전주 한옥마을

아세헌이 있는 전주 한옥마을은 전라북도 전주시 교동, 풍남동에 있는 마을로 약 700여 채의 한옥과 전통문화시설이 모여 있는 전주의 대표적인 관광지다. 일제 강점기 때 일본인의 상권 확장을 저지하고자 뜻있는 상인들이 모여 한옥을 지어 마을을 이룬 것이 오늘날의 전주 한옥마을이다. 그들의 뜻있는 나라사랑이 스며든 곳이다. 전주 한옥마을에는 최초의 천주교 순교자 윤지충과 권상연의 순교지이자 호남지역 최초의 양식건물인 전동성당을 비롯하여 조선조 임금들의 어진을 모신 경기전이 있다. 외국인의 발길이 끊이지 않는 국악 체험장 아세헌을 비롯하여 마당 가득 장독대가 줄지어 있는 동락원, 100년 전 오대산 등에서 나무를 가져와 99칸으로 지었다는 수원백씨종택 학인당, 조선 마지막 황손이 사는 승광재가 있어 시간을 내어 잃어버린 향수를 불러일으키고 하룻밤 묵어가거나 마음을 내려놓고 푹 쉬어가면 인생도 한결 가벼워지고 향기로워질 것이다.

시간이 내어 골목길을 천천히 걸어보면 색다른 즐거움을 가질 수 있다. 골목이 가진 특별한 정감과 실생활의 아기자기한 모습들이 나이 든 사람에게는 추억의 장으로 젊은 사람에게는 보지 못한 한국적인 정취에 빠져들게 된다. 골목은 가장 한국적인 모습을 감추고 있는 곳이다. 낮은 담과 담 너머의 생활모습이 정겹다. 사람 사는 모습이 따뜻한 온기로 다가오는 곳이다.

왼쪽_ 안채의 대청마루에서 바라본 별채의 모습. 별채 건물의 외형은 정면 4칸, 측면 2칸에 정면 1칸, 측면 반 칸의 날개채가 이어진 ㄴ자형의 평면구성이다.
오른쪽_ 부용당 내부로 세 짝의 미서기 중 왼쪽 2개의 문은 이불장 겸 옷장이고 오른쪽을 열면 화장실 겸 샤워실이 나온다. 단층장과 이층장 위에 베게와 죽부인이 놓여 있다.

1 백운당 내부로 콩댐한 장판, 펼쳐진 꽃 그림의 병풍이 정겹다.
2 안채의 툇마루로 대청마루의 들어걸개문을 걸쇠에 걸면
안과 밖이 하나로 소통하는 공간이 된다.
3 가야금 12현. 오동나무 공명반에 명주실을 꼬아서 만든 12줄을 세로로
매어 줄마다 안족(雁足:기러기발)을 받쳐놓고 손가락으로 뜯어서 소리를 낸다.
4 아세헌은 민요·판소리·가야금 병창 등을 감상하고 직접 배워 볼 수도 있다.

주거
공간
07

집, 사람 그리고 인연

양사재養士齋

전북
전주시 완산구
교동 58

여행길에 편히 쉴 수 있는 한옥, 양사재를 소개한다. 원래 전주향교의 부속 건물로 서당 공부를 마친 청소년들이 생원, 진사시험 공부를 하던 곳이다. 1897년 전라북도 공립소학교(현재의 전주초등학교)가 이곳에서 문을 열었고, 가람 이병기 시인이 서실로 사용하기도 했던 문화적으로도 유서 깊은 장소다.

전주에 도착하니 벌써 해가 뉘엿뉘엿 지기 시작했다. 누군가의 유년은 이랬다. 학교를 마치자마자 집에다 책가방을 던져놓고 이집 저집 산으로 들로 쏘다니다 해가 넘어갈 때쯤이면 숙제를 안 했다는 후회와 조급함에 마음이 무거워지곤 했다. 그러나 그것도 잠시, 마을로 들어서면 저녁 푸른빛에 둘러싸인 집집이 지붕 위로 난 굴뚝에서 새하얀 연기가 춤을 출 때 허기진 배에선 영락없이 꼬르륵 소리가 났다.

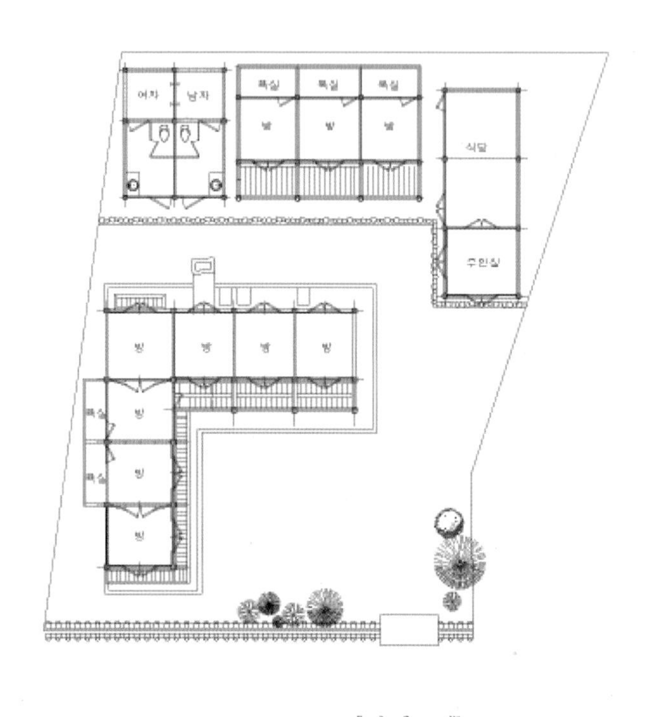

양사재 배치도

대문을 들어서면 왼쪽으로 위치한 본건물인 양사재는 현재 크기의 3배 정도였다고 하지만
지금은 ㄱ자형의 7칸 규모로 축소되어 있다.

글_ 이연건축 조전환 대표, 취재협조_ 양사재

조금 전까지의 걱정은 언제 그랬냐는 듯 저 멀리 달아나고 부엌에서 나를 위해 어김없이 저녁밥을 준비하고 계실 "엄마~!"를 외치며 동네 길로 뛰어 올라가는 한 소녀….

한옥 지붕이 출렁거리는 푸른 저녁의 전주시 교동은 길가로 난 창이나 좁은 길목에서 아이들을 부르는 엄마들의 외침이 여기저기 들릴 듯한 따듯함이 있었다. 외로운 여행자에게 그러한 따듯함으로 두 발 뻗을 수 있는 아랫목을 내어주는 주인일 거라는 믿음으로 방문 허락을 요청하는 전화를 했다. 양사재에 대한 어떠한 배경지식도 없이 목적달성을 위해 늦게 찾아온 자의 무례함이나 자격지심이었을까 주인의 저편 목소리는 무뚝뚝하게 들렸다.

주인은 여전히 무뚝뚝했다. 대문을 들어섰을 때, 주인은 인사를 하는 둥 마는 둥 장작을 쪼개고 있었다. 마당으로 들어서서 짐짓 눈짓으로 가리키는 평상에 앉았을 때도 주인은 아랑곳없이 각방의 아궁이를 오가며 장작을 밀어 넣고 마당 쓸기에 여념이 없었다. 그러나 손님이 오시기 전 편히 쉴 수 있도록 정돈된 모습을 보여 드려야 한다는 주인의 양해를 구하는 말이 없었어도 우린 어느덧 무장해제 된 상태였다. 빨랫줄에 하얗게 걸쳐진 이불 홑청에 대한 신뢰와 우직한 주인이 만들어내는 활활 타오르는 장작불에 몸과 마음은 녹았고 짐까지 풀고 온 숙소를 취소하면서까지 양사재에서 하룻밤을 보내고 싶었으니까, 진실로.

"오늘 밤 방이 있을까요?"

"아니요, 오늘은 일본손님들이 단체로 오시기로 되어 있어요."

"아, 네…."

생성 배경과 공간구성

양사재養士齋는 말 그대로 선비를 기르는 공간으로 각 군현에 존재하며 개인의 서재나 서당, 별야 등의 기능을 했던 재, 정사 등과 달리 군현 전체의 양반자제들을 대상으로 하는 교육기관이었다고 한다. 조선 초기 이래 향교교육이 쇠퇴하면서 향교는 학업을 하는 곳이 아니고 제례를 위한 곳으로 의미를 부여하는 분위기가 강해지면서 인재를 양성하고 유생들의 과거준비를 위한 장소가 필요했던 것이다. 지방 관원과 고을 양반들이 문치에 뜻을 두거나 정치적인 목적으로도 적극적으로 지원해 군현마다 설치될 정도였고, 과거시험의 합격률 등에 민감히 반응하고 홍보하기도 했다는

1 앞채와 뒤채 사이 마당은 손님이 오시기 전 주인의 작업공간이기도 하다.
빨랫줄에 이불 홑청을 널거나 아궁이에 장작을 밀어 넣고 장독을 어루만지는 바쁜 공간이다.
들마루를 치우면 아궁이가 드러난다.
2 사랑채 남쪽 측면에서 사랑마당을 바라본 모습이다.
3 가람 이병기 선생이 머물렀다는 방이 보인다.
쪽마루에 걸터앉아 혹은 방문을 열어놓고 바깥을 무심히 바라보며 시상을 떠올렸으리라.

기록을 볼 때, 현재 교육의 일면이 겹쳐지는 재미있는 시설이기도 하다. 이러한 교육기관은 주로 향교 영역 안에 건립되어 향교와는 밀접한 관련이 있으면서 흥학당, 육영재 등으로 불리다가 후에 주로 통칭해서 '양사재'라고 하였다.

1895년 7월 19일 소학교령이 공포되면서 최초로 생긴 관공립 소학교들의 교사校舍들은 주로 기존의 민가나 관청 건물, 혹은 전통적 교육기관의 건물을 전용하거나 그 일부를 사용한 것이었다. 무안읍 향교 양사재와 옥구군 본부 양사재에도 공립소학교가 개설되었다.

전주향교는 조선 태종(1410)이 유생들의 글 읽는 소리가 시끄럽다 하여 경기전 부근에 있었던 것을 화산동으로 이전시켰던 기록으로 보아 그 이전부터 역할을 해온 것으로 보인다.

전라도 수도향교首都鄕校로 명성을 얻었던 만큼 향교의 부속기관인 전주의 양사재 또한 호남 제일의 교육기관이었다. 1897년 전주초등학교의 전신으로 대한제국 때 2년여 간 학교로 이용되기도 하였고, 1952년부터 5년여 간 전주에서 교수직을 했던 가람 이병기 선생의 서실로 이용되기도 한 문화적으로 유서 깊은 장소다. 2002년에 이르러 젊은 세 사람이 뭉쳐 함께 운영하다가 현재는 정재민 씨 혼자서 꾸려나가고 있다.

대문을 들어서면 왼쪽으로 위치한 본건물인 양사재는 현재 크기의 3배 정도였다고 하지만 지금은 ㄱ자형의 7칸 규모로 축소되어 있다. 고종 12년 판관 김계진이 낡은 건물을 개축하여 문사들을 위한 수련의 도장이 되었다가 1980년 너무 낡아 고쳐 짓고, 그 재목으로 一자형 뒤채를 지어 한 미망인이 살았다고 한다.

앞에 퇴를 둔 3칸은 한 칸씩의 온돌방으로 후면에 아궁이가 설치되어 있다. 방은 이불 한 채, 횃대, 손때 묻은 작은 문갑, 화장지 그리고 작은 화병이 전부이다. 뒷문까지 열면 안마당에서 뒷마당으로 관통하는 시원함이 있다.

가람 이병기 선생이 머물렀던 공간은 그분의 체취가 느껴지도록 사진과 함께 시서화로 담백하게 장식하였다. 문을 달아 4개의 방이 통합되고 분리되도록 하였는데, 단체 손님들이 사용하기에 적합하도록 구성되었다. 기둥에 매달린 주련은 고려 말 조선 초 문신이요, 학자인 양촌 권근(1352~1409)의 전주에 관한 시를 모아 최근 따로 제작하였다. 역사와 문화를 집에 스며들게 하는 주인의 한옥을 비

왼쪽_ 양사재의 툇마루를 우물마루로 했다.
오른쪽_ 양사재의 툇마루로 여닫이 세살청판 독창과 쌍창이 보인다.

롯한 전통문화에 대한 식견이 예사롭지 않음을 느낄 수 있었다.

새로운 인연, 뒤채

뒤채는 '전통한옥 관광자원화 사업'의 목적으로 문화체육관광부와 전주시의 지원으로 2007년 1월 순창에서 이축되면서 정재민 씨와 집의 인연은 시작되었다. 세 사람이 운영하던 것을 혼자 꾸려나가야 하는 두렵고 떨리는 시점, 든든한 동반자가 새로이 생긴 것이다.

전 주인이 사용하던 건물을 이어받아 쓰고 있던 관리사를 허물고 원형초석 위에다 원기둥에 소로수장으로 1942년 상량한 재실건물에 새 생명을 불어넣은 것이다. 새 동반자의 묵직한 격려로 새로운 출발을 할 수 있었다고 주인은 회상한다.

가운데 대청마루를 두고 양쪽으로 방이었던 것을 모두 방으로 고치고, 방마다 욕실을 뒤로 두었다. 2.5m가 채 되지 않는 방은 최소한의 것만으로 기본에 충실하게 꾸민 단출함으로 뜨끈한 온돌방에 번잡한 것 다 잊고 숙면을 취할 수 있을 것 같다.

예전 손님 중 더러는 방이 작다, TV가 없다, 화장실이 멀리 있다 등, 불만을 토로하기도 했다고 한다. 그러나 화장실만 방 안에 들여 놓았을 뿐 절대 흔들림 없이 충분한 휴식과 한옥 체험에 집중할 수 있도록 원칙을 굽힐 생각은 없다 한다. 한옥에 어울리지 않는 거대한 냉장고와 에어컨, TV 등을 잡다하게 들여놓아 더욱 한옥은 좁고 불편하다는 인식을 심어주곤 하는 한옥 숙박업체들이 한옥에 대한 식견을 좀 더 키워갈 수 있는 곳이라 여겨진다.

분합문과 광창 사이 꽃, 새와 태극 등의 초각을 하고 툇마루의 난간 또한 물새 모양으로 풍혈을 두어 정성 들여지었던 집이 주인을 제대로 만났다는 안도가 드는 건 부인할 수 없다.

뒤채의 오른쪽에 고재를 이용하여 남녀 샤워실과 화장실을 각각 두었다. 고재로 프레임을 만든 거울과 세면대 아래장은 차가운 타일, 도기, 수전금구 등의 느낌을 따듯하게 바꾸는 놀라운 능력을 지니고 있다.

옛 것에 대한 애착과 자긍심

손님 맞을 준비가 끝난 주인이 차를 마시자고 해 들어선 관리채에서 주인의 조예가 절대 하루아침에 이루어진 것이 아님이 드러났다. 헌 집의 고재를 수습해 뼈대를 세워 뒤채

1

2

와 직각으로 들여앉힌 관리채는 한 칸의 주인방과 두 칸의 부엌과 식당으로 꾸며졌다.

오래된 소쿠리와 소반이 시렁 위 가지런히 놓여 있었고 아래로 와인랙과 컵들이 자리를 차지하고 있다. 그 소반들은 손님들의 아침을 대접할 때 실제 사용하고 있다. 아침에 부담스럽지 않은 단출한 차림으로 연세 드신 분은 방으로 갖다 드리고 젊은 객들은 직접 갖다 먹거나 식당에 와서 밥을 먹게 하면서 소반은 제 역할을 하는 것이다.

오래된 가재도구들이 그 희소가치 때문에 그저 장식품으로 전락해버리는 것이 아니라 쓰임에 맞게 사람 손이 가는 현재진행형인 옛 물건들이야말로 우리의 물건이 생명력을 유지하는 길이다. 옛것이 좋아 하나둘씩 사 모으다 보니 쓰일 곳과 보관될 자리가 자연스레 만들어지더라는 주인의 말은 꼭 한옥이 아니더라도 한옥처럼 꾸며놓고 살고 싶은 서양식 구조의 집에서도 우리의 전통문화가 조화롭게 자리를 지킬 가능성을 보여 준다. 한 칸의 방에는 문을 열면 컴퓨터 책상이 되는 벽장과 이불을 보관하는 벽장을 이중으로 구성하였다.

주인 정재민 씨는 대기업건설현장에서 다년간 일을 하며 전국을 떠돌았다고 한다. 전통문화에 대한 애정과 고민은 다른 두 사람과 2002년 양사재를 열며 실현되었고, 한옥마을 내 젊은 기운이 되었다. 재정적인 어려움을 수년간 겪으면서도 오늘을 위한 담금질로 여기고 열정으로 한옥문화를 지켜 나왔다고 자부한다. 관공서의 합리적인 정책으로 사람 만나는 인연처럼 뒤채를 만나 이축하게 되면서 공공에 대한 의무감도 생겨났다고 한다.

최근에는 한옥마을 내 뜻을 같이하는 사람들 간 마을을 더욱 마을답게 하기 위한 네트워크를 형성하고 있다. 초창기 때부터 해왔던 전주를 포함한 호남지역의 문화관광과 양사재의 뒷산인 승암산 오목대 아래 차밭에서 나는 야생차와 한옥체험 프로그램이 4백여 년 양사재의 역사를 더욱 풍성하게 하길 바라는 마음이다.

양사재는 무뚝뚝한 주인의 우직한 성품처럼 유서 깊은 집답게 기본에 충실한 구조다. 심심하다 싶게 옛 가재도구들과 시서화들이 적재적소에 배치돼 하룻밤 지내는 것만으로 한옥의 문화를 자연스레 몸에 익힐 수 있는 집이다. 방문하는 손님들에게 주는 양사재 낙인의 한지엽서는 책장에 놓여 다음 전주여행을 기약한다.

3

4

1 창을 미닫이 숫대살로 하고 문얼굴 사이로 흘처마 사랑채의 남쪽이 보인다.
2 앞채의 앞뒤로 난 문들을 다 열면 뒤채와 통한다. 앞과 뒤, 안과 밖의 경계가 사라지는 순간이다.
3 삼베를 발라 방충망으로 사용한 창호가 특별하다.
4 방은 최소한의 것으로만 꾸몄다. 방 사이 네 짝 여닫이를 달아 단체손님을 대비하고 있다. 벽에 그림을 붙인듯하나 문이다.

1 대문을 들어서면 부담스럽지 않은 규모로 여러 채가 올망졸망 모여 있다. 한옥의 지붕 선은 뒷산을 병풍으로 삼을 때부터 자연스러운 춤을 춘다.
2 관리채, 고재를 모아 지은 집이라 기둥이 똑같지가 않다. 손님이 대문을 들어서면 부르지 않아도 주인은 용케 알고 섬돌로 내려선다. 관리채의 발은 햇빛만 가리는 것이 아니다.
박공부분인 측면은 비가 들이쳐 문을 달지 않는 게 보통이다. 그러나 박공판을 이중으로 달아 대처했다. 집 아래 쌓아놓은 헌 기와는 쓸모가 많다.
수로가 되고 정원의 울타리가 되고 꽃담의 장식패턴이 되고 화분으로 변신했다.
3 뒤채는 아담하면서도 원형초석과 원기둥의 소로수장으로 기품을 가지고 있다.
4 양사재란 말 그대로 단체로 기숙하여 선비로 길러졌던 역사의 현장이다. 고려 이성계가 왜적을 무찌른 후 종친들을 모아 잔치를 벌인 오목대를 뒤로 하고 있다.

1 길에 면한 낮은 와편담장 사이로 일각문을 내고 대문으로 사용하고 있다.
2 대문에서 바라본 사랑채인 양사재의 모습이다.
3 고주 삼량구조인 뒤채는 유려한 홍예보를 달아 툇마루가 시원하다.
멀리 낮은 난간에 초각을 하여 한껏 멋을 냈지만,
앞채는 一자형 툇보로 다소 경직돼 보인다.
이는 뒤 건물이 본시 좋은 목재와 장식으로 장엄한 의식공간이었다면
앞 건물은 서당을 졸업한 생원들의 학습공간이었기 때문으로 해석된다.
4 광창 아래와 마루의 난간에는 이름 모를 꽃들과 새, 태극 문양이
수줍은 솜씨로 초각되어 있다.
5 관리채 부엌의 시렁. 옛날 귀한 음식들을 올려놓기도 했던 시렁은
항상 높아 의자를 놓고 탐색하기도 했다.
매달린 와인잔처럼 실제로 쓰이고 있는 소반과 소쿠리들이다.
6 추울 때면 마루를 치우고 아궁이가 드러난다. 주인이 손수 장작을 패
아랫목이 검어지도록 불을 땐다.
간혹 수백 년 된 고재도 포함되는 때도 있으니 호사라면 호사겠다.
7 집의 안과 밖에 달린 조명은 한옥에 어울리도록 고민한 흔적이 역력하다.
8 기단바닥. 뒤채 기단바닥의 일부는 시멘트로 마감하는 대신 주걱으로
긁고 돌을 박아 심심하지 않다.
9 싸늘한 화장실은 목재와 화초로 생기가 있다.

모래 위에 그린 그림…

쌍산재雙山齋

전남
구례군 마산면
사도리 632

취재협조_ 쌍산재

삼백 년 고택의 은은함과 외갓집 할머님의 따스한 온기가 살아 있는…

쌍산재雙山齋는 삼백 년 된 전통한옥으로 '쌍산재'의 의미는 운영자의 고조부의 호(쌍산)를 빌어 쌍산재라 하였다. 안채의 뒤주는 특별한 의미가 있다. 옛날 보릿고개 시절 봄에는 맥류를 가을에는 미곡을 채워 둬, 식량이 부족한 어려운 사람에게 필요한 만큼 사용하고 그 해에 농사를 지어 가져간 만큼만 이자 없이 받아 채운 뒤, 그다음 해에 또 다시 사용했던 나눔의 뒤주가 그 모습 그대로 보존되어 있다. 대문을 나서 물을 길어 가는 수고를 마다하지 않고 밖에 내놓아 마을 사람이 뒤주에서 쌀을 퍼 가고, 물도 마음대로 사용할 수 있게 한 것이다. 이렇듯 조상의 지혜를 배우고 삶의 역사인 한옥을 이용해 옛 삶을 체험할 수 있는 색다른 쉼터로 활용하고자 쌍산재를 열게 되었다 한다.

쌍산재는 안채, 사랑채, 건너채(별당), 관리채, 서당채, 경암당, 별채의 건물과 부속건물들이 약 20,000m^2(6,000평)의 부지에 서 있다. 남부지방의 전형적인 한옥구조로 정남향한 안채 건물의 외형은 정면 4칸 반, 측면 2칸 규모로 자연석기단 위에 자연석초석을 놓고 원기둥을 한 겹집형태의 겹처마 팔작집이다. 남자들의 공간인 사랑채는 정면 4칸 반, 측면 2칸 규모로 사각기둥을 한 겹처마 우진각지붕이고, 별당으로 주로 여자들이 머물렀던 건너채는 정면 3칸 반, 측면 2칸 규모로 홑처마 우진각지붕이다. 쌍산재에서 최고의 볼거리는 깊숙한 곳에 숨겨진 서당채다. 안채와 별채 사이 우거진 대나무 숲을 가르는 운치가 가득한 돌계단의 길을 오르면 왼쪽으로는 텃밭, 오른쪽으로는 널찍한 잔디밭이 펼쳐진다. 다시 오솔길을 따라 가정문嘉貞門이란 중문인 사주문을 지나면 우거진 숲 사이로 서당채가 나온다. 사설교육기관이었던 서당채 건물의 외형은 정면 5칸, 측면 2칸 규모로 전체적으로 사각기둥을 하고 툇마루 정면에는 원기둥을 한 홑처마 팔작지붕의 오량가다. 서당채는 널찍한 대청마루와 길게 이어진 툇마루가 있고 좌측면에는 툇마루에서 단을 높여가며 고상마루를 만들고 고상마루 밑에는 함실아궁이를 설치했다. 대청마루 위에는 쌍산재雙山齋란 편액이 걸려있다. 서당채 오른쪽으로 난 샛길을 따라 서당채 밖으로 이어지는 작은 협문을 나서면 사도지라 불리는 저수지가 비취빛을 낸다고 하여 협문을 영벽문映碧門이라 했다.

왼쪽_ 안채와 건너채(별당) 사이에서 바라본 안마당 모습이다.
오른쪽_ 안채와 별채 사이 우거진 대나무숲을 가르는 운치가 가득한 자연석계단인 죽노차밭길이다.

1 남자들의 공간인 사랑채로 정면 4칸 반, 측면 2칸 규모로 사각기둥을 한 겹처마 우진각지붕이다.
2 안마당에 들마루가 놓여 있고 뒤로는 주로 여자들이 머물렀던 건너채(별당)가 보인다.
3 예술작품성이 있는 높다란 와편굴뚝은 야외 벽난로로 또는 바베큐 그릴로도 사용되는 다목적 기능을 갖고 있다.

모래 위에 그린 그림… 사도리沙圖里 상사上沙마을

신라말기 승려 도선이 우연히 이인을 만나 세상사를 물었더니 대답은 하지 않고 모래 위에 삼국도三國圖를 그려 삼국통일의 징조를 암시해 주어 도선이 이에 크게 깨달아 고려 창업에 큰 공을 세우게 되었다. 그리하여 '모래 위에 그림을 그렸다'란 뜻의 '사도리'란 이름을 얻었다. 남으로 섬진강이 흐르는 충적평야지역과 동북쪽으로 지리산 국립공원의 산악지역으로 이루어져 있다. 상사上沙, 하사下沙 등의 자연마을이 있다. 마을 형성 년대는 알 수 없으나 마을 이름의 유래로 보아 신라 흥덕왕(827년)시대부터 형성된 촌으로 추정되며 해주오씨와 녕천이씨가 대종을 이루고 있는 마을이다.

장수비결의 당몰샘

1986년 인구통계조사 결과 전국 제1의 장수마을이었고 지금도 손꼽히는 장수촌으로 알려져 있다. 70세를 청년이라 했고, 90대 노인이 10여 분, 70대가 40여 분이 넘어 상사마을 사람들의 장수비결은 '지리산 약초 뿌리가 녹아 있다'는 조그만 샘물 '당몰샘'을 뽑았다고 한다. 1980년대 중반 K대학 예방의학팀의 수질검사 결과 대장균이 한 마리도 검출되지 않아 최상의 물로 판명 받았고, 2004년엔 한국관광공사에서 지정한 전국 10대 약수터 중 하나로 뽑히는 영광을 안았다. 당몰샘은 고려 이전부터 있던 샘이다. 근거로 고려사기에 사도라는 마을 명칭이 기록되어 있는 것으로, 이 물 하나로 온 마을 식수며 빨래 등 기타 생활용수로 사용했다고 한다. 당몰샘의 당몰이란 '윗몰', '아랫몰' 하듯이 그냥 마을을 단위로 나눠어 부르듯이 당몰이라 부른다.

옛날 좋은 물이 있는 명당을 찾아 나선 어떤 이가 미세한 약저울로 물 무게를 재어보았더니 당몰샘물이 제일 무거워 이 마을로 터를 정한 분도 있고, 요즘도 녹차 다릴 물은 당몰샘 물이 으뜸이라며 수십 통씩 서울에서 떠가는 사람도 부지기수다. 당몰샘물은 수질조사 보고서에 의하면 면역력 강화에 도움을 주는 미네랄 성분이 유독 많이 함유되었다고 한다.

7년 가뭄이나 석 달 장마에도 물량은 일정하고 겨울에는 따뜻한 기운이 돌고 여름에는 냉기가 더욱 느껴지며 다른 물에 세 번을 헹구어 머리를 감아 보아도 당몰샘물에 한번 헹구어 감는 것만 못하고, 물맛 뒤끝이 깔끔하고 물을 길어가 며칠씩 두고 먹어 보아도 물맛이 변함이 없다고 한다.

"천년고리 감로영천(千年古里 甘露靈泉)이요,
음차수자 수개팔순(飮此水者 壽皆八旬)이라."
천년된 마을에서 이슬처럼 달콤한 신령스러운 샘이요,
약물을 먹은 사람은 팔십 이상의 수를 누린다.

왼쪽_ 대문에서 바라본 모습으로 사랑채의 기단에 놓인 돌확과 와편굴뚝이 듬직하다.
오른쪽_ 돌로 쌓은 축대 사이로 사당으로 드나드는 길을 내었다.

1 안채 좌측에 있는 장독대로 호박돌로
단을 쌓고 낮게 토석담을 둘렀다.
호박돌 틈새로 골드메리가 화사하게 피었다.
2 당몰샘은 천년된 마을의 신령스러운 샘이다.
3 한 칸에 기둥이 네 개인 사주문으로 진입하는 고샅.
디딤돌과 담쟁이덩쿨이 어우러져 정겨운 풍경이다.
4 당몰샘은 낮게 돌각담을 두르고 기와를 얹은
방형의 모임지붕으로 호사를 누리고 있다.

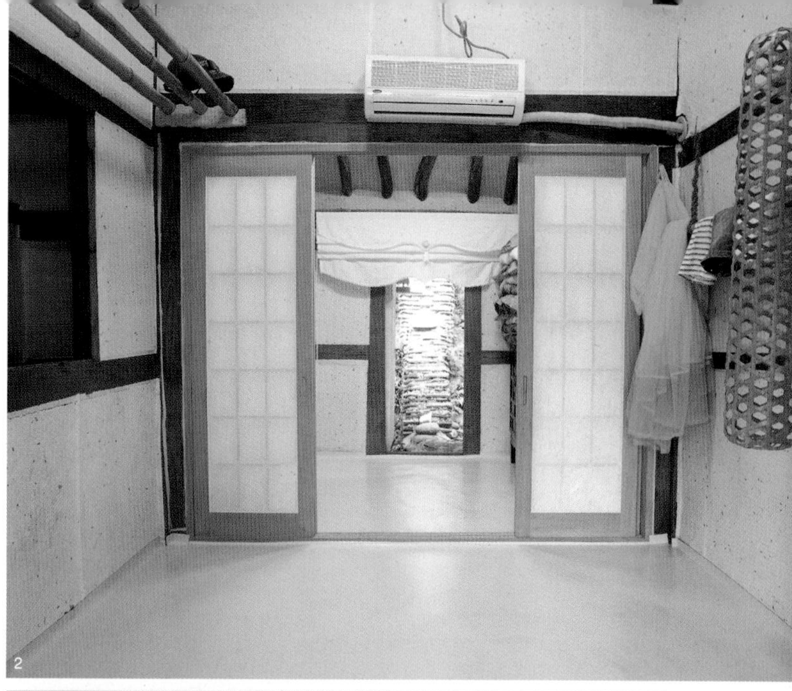

1 안채의 대청마루로 바닥은 우물마루로, 벽은 회벽으로,
천장은 서까래가 노출된 연등천장으로 했다.
2 액자 속에 액자가 있다. 방과 방 사이를 만살 미서기로 하여
공간을 확장할 수 있도록 했다.
3 부엌 위 다락으로 마루는 장마루이고 채광과 환기를 위해
양쪽에 만살의 벼락닫이창을 달았다.
4 안채의 툇마루 끝에 이단으로 수납공간을 만들었다.
위는 문울거미에 만살로 모양을 내고 아래는 일日자의 우리판문으로 했다.
5 안채 널판문의 부엌문을 열면 무쇠솥과 벽에 까치발의 흔적이 보이는
부엌다락이 있다. 천장은 고미반자로 하고 환기용으로 설치했을 법한
앙증맞은 벼락닫이창이 고향의 향수를 느끼게 한다.
6 주로 여자들이 머물렀던 건너채(별당)의 툇마루로 소품으로
전통미를 살렸다.

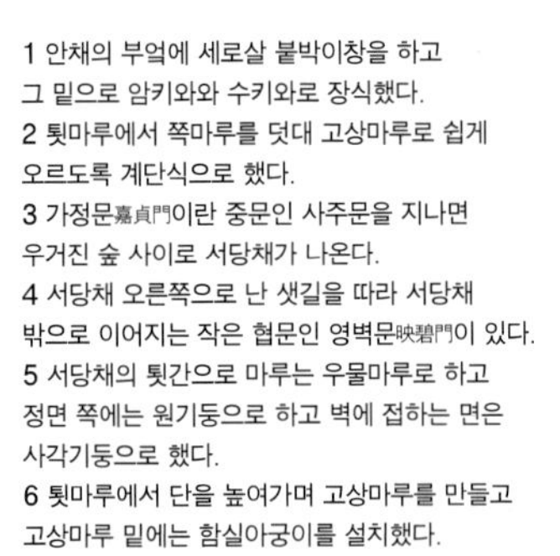

1 안채의 부엌에 세로살 붙박이창을 하고
그 밑으로 암키와와 수키와로 장식했다.
2 툇마루에서 쪽마루를 덧대 고상마루로 쉽게
오르도록 계단식으로 했다.
3 가정문嘉貞門이란 중문인 사주문을 지나면
우거진 숲 사이로 서당채가 나온다.
4 서당채 오른쪽으로 난 샛길을 따라 서당채
밖으로 이어지는 작은 협문인 영벽문映碧門이 있다.
5 서당채의 툇간으로 마루는 우물마루로 하고
정면 쪽에는 원기둥으로 하고 벽에 접하는 면은
사각기둥으로 했다.
6 툇마루에서 단을 높여가며 고상마루를 만들고
고상마루 밑에는 함실아궁이를 설치했다.

위_ 2칸의 서당채 대청마루로 마루는 우물마루로하고 천장은 서까래가 노출된 연등천장으로 했다.
아래_ 서당채의 작은방으로 앞에는 툇마루, 우측에는 대청마루가 있다.

주거 공간 09

성城을 연상케 하는 금환락지

곡전재

전남 구례군 토지면 오미리 476

성이나 요새를 연상케 하는 한옥

곡전재穀田齋는 조선 후기 부농의 전통한옥으로 안채, 중문간채, 대문간채인 사랑채가 모두 一자형의 모양으로 각각 독립채인 안채와 중문간채, 동·서행랑채가 튼 ㅁ자형으로 배치되어 있으며 높이 2.5m 이상의 호박돌 담장으로 둘러싸여 있어 작은 성이나 요새를 연상케 하는 곳이다.

가장 오래된 안채 건물의 외형은 간살이가 넓은 정면 4칸 반, 측면 2칸 규모로 두벌대 장대석기단 위에 원형초석을 놓고 전체적으로 사각기둥에 툇마루 전면에만 원기둥을 하였다. 서까래에 부연附椽을 단 겹처마 팔작집으로 전·후퇴가 있는 직절익공의 소로수장집이다. 이곳은 궁이나 절에서나 쓰이던 원형초석에 문살의 외미리 형식과 기둥과 서까래 등이 매우 큰 고주高柱집으로 지붕이 높고 웅장한 격조 있는 건물이다. 중문이 있는 중문간채는 정면 6칸 반, 측면 1칸의 홑처마 삼량가로 우측 끝에는 누마루인 춘해루를 두고 중문간채 좌측에는 정면 4칸 반, 측면 2칸의 서행랑채와 우측에는 정면 5칸, 측면 1칸의 동행랑채가 있다.

왼쪽_ 동행랑채 뒤로 인공연못인 세연정이다.
이른 아침 고요한 연못과 징검다리에 햇살이 비쳐 신비감이 감돈다.
오른쪽_ 안채 건물의 외형은 간살이가 넓은 정면 4칸 반, 측면 2칸 규모로
궁이나 절에서나 쓰이던 원형초석에 문살의 외미리 형식에 기둥과 서까래 등이
매우 큰 고주高柱집으로 지붕이 높고 웅장한 격조 있는 건물이다.

다락방 같은 '곡노'와 '곡수'

대문간채는 정면 5칸으로 한 칸의 솟을대문과 좌 · 우측에 각각 2칸의 황토방과 녹차방이 있는 곳으로 특이한 점은 대문간채가 사랑채인 점과 조선시대 여인들이 바깥세상을 구경할 수 있도록 대문 위에 다락방 같은 '곡노'를 만들어 정면에 있는 섬진강과 오산, 오봉산, 들판을 구경할 수 있도록 했다는 점이다. 중문간채와 대문간채 사이의 마당엔 옛날부터 지리산 정상 노고단에서 문수리로 자연스럽게 흐르는 물이 있는데, 그 물이 그대로 집으로 들어와 잉어가 놀고 있는 인공연못인 세연정을 거쳐 중문간채 앞을 굽이굽이 흐르는 곡수가 세심정 쪽으로 흐르도록 유도하여 운치 있는 수공간을 만들었다.

1

2

3

1 서행랑채로 정면 4칸 반, 측면 2칸 규모의 홑처마 팔작집이다.
조그만 정원에는 더덕덩쿨이 지붕 위 하늘을 향하고 있다.
2 안채의 툇마루에서 중문간채의 중문을 바라본 모습이다.
3 안채의 툇마루로 마루는 우물마루, 기둥은 벽 쪽은 사각기둥,정면에는 원기둥을 하여 격을 달리했다.
4 안채 쪽마루로 쪽마루를 받치는 동바리기둥이 보인다.
5 중문간채와 대문간채 사이의 마당엔 인공연못인 세연정을 거쳐 중문간채 앞을 굽이굽이 흐르는 곡수로 운치 있는 수공간을 만들었다.
6 곡전재穀田齋는 각각 독립채인 안채와 중문간채, 동 · 서행랑채가 튼 ㅁ자형으로 배치되어 있으며
높이 2.5m 이상의 호박돌 담장으로 둘러싸여 있어 작은 성이나 요새를 연상케 하는 곳이다.
7 중문간채 동쪽 끝에 누樓인 춘해루로 우물마루에 계자난간을 둘렀다.
8 대문간채는 정면 5칸으로 한 칸의 솟을대문과 좌 · 우측에 각각 2칸의 황토방과 녹차방이 있는 사랑채이다.

금가락지 모양의 금환락지金環洛地

곡전재는 풍수지리상으로 천상의 선녀가 떨어뜨린 금가락지 모양이라 하여 금환락지金環洛地라고도 한다. 금환락지의 유래는 도선국사, 무학대사, 남사고 등 유명한 지사地師들의 비결秘訣에 의하면 구례읍에서 동쪽으로 십리를 지나면 명당 터가 있는데 오성의 성씨가 모두 잘 살 수 있고, 일만 가구가 잘 살 수 있다 하였다. 이런 명당 터에 살면 부귀는 물론이고 많은 자손의 번성과 남자라면 많은 문관과 무관이 나고 여자라면 왕비가 3명이 나는 터라 하였다. 그 부근은 상대上垈(윗 집터) · 중대中垈 · 하대下垈에 금귀몰니金龜沒尼 · 금환락지金環洛地 · 오봉귀소伍鳳歸巢의 양택陽宅(집터) 3곳이 있고, 사대음택四大陰宅(묘자리)이 있다고 하였다. 중대中垈 금환락지金環洛地의 터인 곡전재는 1984년부터 운이 돌아온다 하였고 신혼부부들이 이 명당터에서 하룻밤만 숙박을 하면 금환락지의 운을 받아 평생 부귀영화를 누릴 수 있다는 말이 전해 오기도 한다.

본 건축물은 1910년경부터 승주 황전면에 사는 7천석의 부호 박승림이 명당明堂을 찾기 위해 십여 년을 많은 지관地官과 함께 조사한 끝에 토지면 오미리 환동環洞 금환락지로 확정짓고 이교신李教臣(호 곡전穀田: 이병주의 증조부)과 함께 1929년 건축하게 되었다. 그 후 박승림이 사업상 서울에 거주하고 집은 이교신이 위임 맡고 있었는데, 박승림이 죽음으로 그의 자부子婦가 1940년 이교신에게 인도하여 현재 5대손이 살고 있다. 그리하여 이집을 구례문화원에서 금환락지金環洛地라 하고, 건축학자들이 건축이 잘 되었고 문화적 가치가 있다하여 문화재로 할 것을 신청하여, 구례군청에서 2003년 문화재관리위원의 심의를 거쳐 향토문화유산으로 지정되었다.

원래는 6채 53칸 한옥으로 지어졌으나 인수당시 동행랑채와 중문간채를 팔아 훼손되었다가 현재 소유주 이순백이 1998년 동행랑채와 중문간채를 복원하고 누를 신설하여 '춘해루'라 이름 짓고 연못인 세연洗淵정과 함께 5채 51칸으로 확장하였다. 이후 세심정과 광풍루를 증축하였다.

여기서 나고 자란 운영자 이병주 씨는 성주星州이씨 24대손으로 어려서부터 집이 크고 관리가 힘들어 항상 마음속에 이집을 어떻게 하면 깨끗하고 문화적 가치를 오래도록 보존할 수 있을까 항시 마음에 두고 살다가 최근에 고택관광자원화사업의 대상이 되어 안채를 제외한 나머지 6채를 펜션으로 활용하고 있다.

1

2

1 전축굴뚝과 장맛 익어가는 장독대 뒤로는 대나무 숲길이 나 있다.
2 짐을 얹어 등에 지는 운반도구인 지게는 우리 민족이 발명한 가장 우수한 도구의 하나로 어려웠던 시절의 애환을 짊어졌던 없어서는 안 될 우리 삶의 동반자였다.
3 사랑방으로 쓰이는 대문간채의 황토방으로 대문 위에 다락방 같은 '곡노'를 오르는 여닫이 다락문이 보인다.
4 녹차를 자유로이 즐기고 담소할 수 있는 녹차방이다.
5 삼량가로 네 짝의 빗살문과 장마루로 한 '곡노'이다. 조선시대 여인들이 바깥세상을 구경할 수 있도록 대문 위에 다락방 같은 곳을 만들었다. 정면에 있는 섬진강, 오산, 오봉산, 들판을 구경할 수 있도록 했다.

1/ 제비울미술관

2/ 동락원

3/ 안국선원

4/ 지담

5/ 선교장(열화당)

6/ 은농재

7/ 국민대 명원민속관

8/ 동학교당

9/ 수덕여관

10/ 장욱진가옥

11/ 아타미바이엔한국정원

12/ 국립중앙박물관

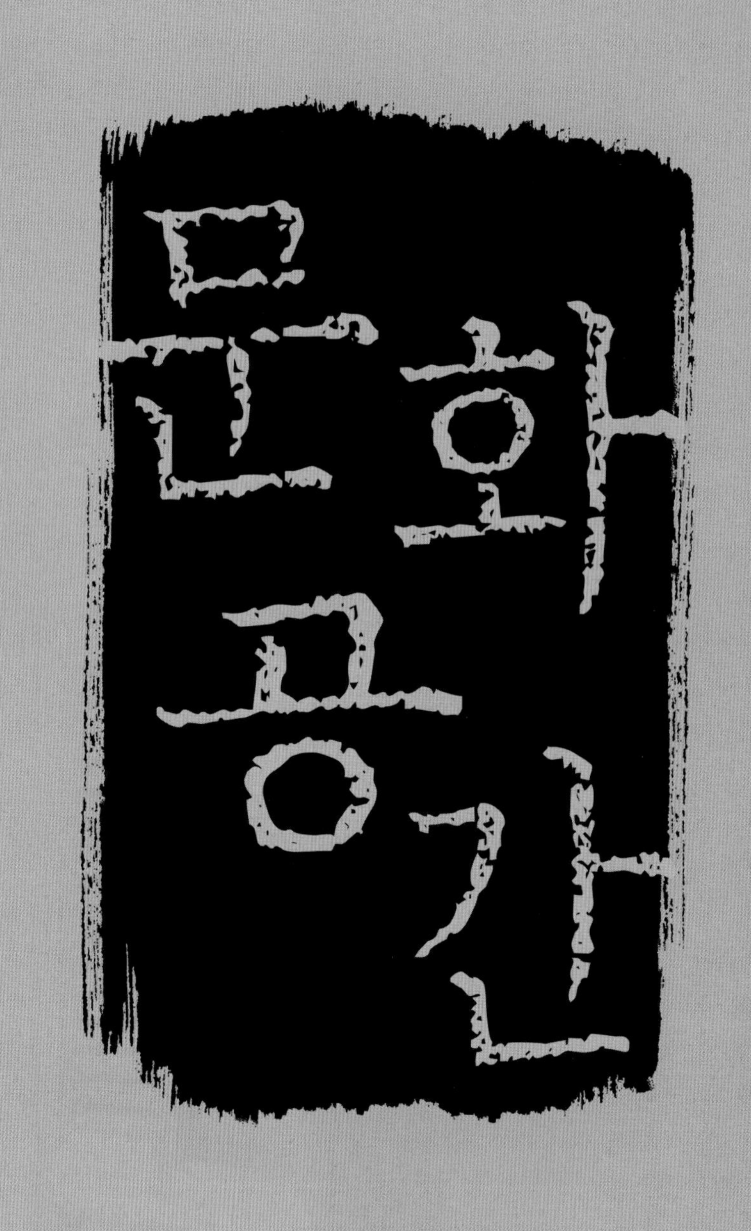
문화공간

문화
공간
01

기업의 사회 환원 목적의 비영리 미술관

제비울미술관

경기
과천시 갈현동
산38-1

청계산의 맑은 기운과 우리 전통의 맑은 기운이 만나 화합의 장을 이룬 곳이 있다. 제비울미술관이다. '제비울'은 미술관이 있는 갈현동 남쪽마을 이름이다. '제비'는 좁다는 뜻이고, '울'은 골짜기를 뜻한다. 청계산 자락에 제비꼬리처럼 길고 가늘게 늘어선 마을이란 뜻이다.

왼쪽_ 본채인 전시장은 ㄷ자형의 평면구성으로 궁궐이나 절에서나 쓰였을 원형초석에 원기둥으로 품격을 달리한 익공식의 겹처마 팔작지붕이다.
아름다운 청계산 자락에 전통적인 건축 양식과 현대적인 양식이 조화롭게 어우러져 지어졌다.
오른쪽_ 돌탑과 한옥의 어울림이다. 한옥은 홀로도 아름답지만, 다른 풍경을 끌어안으면 더욱 아름다운 풍경을 보인다.

전통과 현대 건축양식의 만남

전통적 건축양식과 현대적 건축양식이 조화를 이루고 있는 제비울미술관은 한 폭의 동양화를 보는 듯하다. 동양화에는 한결같이 사람이 작게 그려지고 사람이 자연으로 들어가거나 사라지는 모습이 전체적인 풍경이다. 제비울미술관에서는 사람이 주인이다. 고풍스러운 아름다움은 미술관 현판이 걸려 있는 일주문부터 시작한다. 대부분의 미술관이 서양의 건축양식을 따르고 있는데 이곳은 전통 한옥양식으로 지어져 새로운 감흥을 준다. 자신이 누구인지도 모르고 남의 것을 먼저 찾으면 예속된다. 세상에서 자신이 주인인 것을 잊으면 종이 되고 만다. 제비울은 정체성에 대해 생각하게 하는 곳이다.

과천 토박이이며 건설회사를 경영하는 김영수 관장이 어린이와 청소년들에게 우리 미술문화를 생활 속에서 자연스럽게 접하며 즐길 수 있게 설립된 비영리 미술관이다. 2002년 3월 개관한 제비울미술관은 3개의 전시장을 갖춘 부지면적 2만 9,000여m^2(약 9,000평), 연건축면적 2,300여 m^2(약 700평)의 규모로 본관의 3개의 전시실(약 200평)과 편의시설이 있는 부속건물, 야외조각공원, 산책로 등으로 이루어져 있다.

본채인 전시장은 3층 건물로 1,2층은 콘크리트 건물이고 3층은 전통한옥이다. 제1,2 전시장으로 쓰이는 제비울홀은 정면 8칸, 측면 3칸에 이어서 좌측 날개채는 정면 2칸 반, 측면 2칸을 잇고, 우측 날개채는 정면 2칸 반, 측면 9칸을 이어 ㄷ자형의 평면구성이다. 관리채, 별채와 달리 궁궐이나 절에서 쓰였던 원형초석에 원기둥을 사용하여 품격을 달리한 익공식의 겹처마 팔작지붕이다. 익공식翼工式은 끝 모양이 뾰족하지 않고 둥글게 만든 물익공으로 익공이 두 개 사용된 이익공 형식이다. 관리채 1층은 콘크리트 건물이고, 2층은 정면 7칸, 측면 2칸에 정면 2칸, 측면 1칸을 연이은 ㄱ자형의 평면구성이다. 별채 1층은 콘크리트 건물로2층에는 정면 7칸, 측면 2칸에 좌·우측 날개채에 정면 2칸, 측면 1칸 반을 연이어 ㄷ자형 평면구조를 한 전통한옥이다. 관리채와 별채는 사다리꼴초석 위에 사각기둥을 한 익공식 겹처마 팔작지붕이다. 본채와 관리채, 별채의 난간은 동자기둥 사이를 팔각으로 만든 돌란대를 세워 두르고 처마 끝의 기와는 막새기와로 하였다. 특히 다양한 석탑, 조각품들이 소나무와 아우러진 마당이 있다.

1 별채 1층은 콘크리트 건물로 2층에는 정면 7칸, 측면 2칸에 좌·우측 날개채에 정면 2칸, 측면 1칸 반을 연이은 ㄷ자형 평면의 전통한옥이다.
2 관리채 앞에서 본채인 전시장을 오르는 진입로이다.
3 과천-의왕 간 도로 건너편에서 바라본 제비울박물관의 전경이다.

1 난간은 동자기둥 사이를 팔각으로 만든 돌란대를 얹은 돌난간을 둘렀다.
2 관리채의 지붕으로 용마루, 내림마루, 추녀마루가 마치 날갯짓하며 사뿐히 내려앉는 학의 모습을 닮았다.
외벽이나 바닥을 돌로 처리하여 화재에서 벗어날 수 있고 견고함을 더해주는 한옥의 변화가 돋보인다.
3 관리채 1층은 콘크리트 건물로 2층은 정면 7칸, 측면 2칸에 정면 2칸, 측면 1칸을 연이은 ㄱ자형의 전통한옥이다.
4 본채의 3층에서 내려다본 관리채의 모습. 채와 채가 저만치 떨어져 바라보며 바람길을 내었다.

전통요소와 현대공간의 어울림

제비울미술관은 마당, 마루, 정자가 어울려 독특한 여백의 미美가 돋보이는 곳이다. 조선시대 사대부집 같은 외관으로 한옥에 대한 관심을 유도하고 내부는 현대미술품 전시로 조화를 이루었다. 식물원의 주제별 기획 전시, 야외조각품, 미술관을 돌아가면 산책로가 있다. 산책로를 따라가면 정자가 자리 잡고 있다. 정자가 주는 여유와 한가함에서 우리는 또 다른 낭만을 발견할 수 있다. 시야가 열리는 곳에 자리 잡고 바람이 오가는 길목에 그늘 한 자락 깔고 앉으면 삶은 순간 날개를 단다.

이곳 산에서 서식하고 있는 들꽃과 식물, 나무들의 이름을 표시해 두어서 관람객들에게 또 하나의 재미를 선사해 주고 있다. 이 땅에 뿌리를 내리고 살아온 야생화가 반긴다. 용머리·범부채·붉은인동덩굴·도라지·금꿩의다리 등 모두 아름답고 정겨운 우리꽃이다. 무엇보다 이곳 미술관은 야외공간에도 다양한 작품들이 전시되어 있어 마치 숨바꼭질하는 재미를 준다. 미술관 사람들은 야생 동물의 겨울나기를 위해 떨어진 모과를 줍지 않는다. 마음에 온돌을 들이고 사는 사람에게는 계절이 따로 없다. 사계절이 모두 온기를 가진 훈훈한 삶이니 그렇다.

1

2

3

1 툇마루에서 바라본 제비울홀 입구 모습으로 문을 솟을살청판문으로 하고 위에는 빗살의 광창으로 했다.
2 측면의 간살이는 머름 위로 네 짝의 세살분합문으로 했다.
바닥과 난간의 하얀 빛깔이 품위를 더해 마치 궁중에라도 들어온 듯하다.
3 툇간으로 벽 쪽은 고주로 하고 밖으로는 평주로 한 원기둥의 도열이 궁중의 회랑을 보는 듯 단정하고 조심스러울 정도로 기품이 있다.

위_ 전면 2칸을 개방하여 누마루를 대신했다. 화강암으로 월대를 만들어 시원하면서도 돋보인다.
아래_ 다포를 올려 화려하게 꾸민 일주문. 일주문은 통제의 문이 아니라 마음의 문이라는 의미이다.

위_ 안내데스크가 있는 홀 입구.
아래_ 외부는 전통한옥으로 전통에 대한 관심을 유도하고 내부는 현대미술품 전시로 조화를 이루었다.

1 주제별 기획 전시를 하는 전시장 내부모습이다.
2 과천 토박이이며 건설회사를 경영하는 김영수 원장이 미술의 대중화와 어린이·청소년에 대한 예술교육을 목적으로 2003년 3월 개관하였다.
3 전시장 입구.

문화
공간
02

선교사의 꿈이 영근 집

동락원同樂園

전북
전주시 완산구
풍남동3가 44

글_이연건축 조전환 대표

예향의 도시 전북 전주에 있는 동락원은 전통적인 한옥 생활을 체험할 수 있는 한옥마을의 대표적인 명소로 손꼽히는 곳이다. 현재 기전대학 부설의 전통문화생활관이면서 미국 남장로교 선교회의 전킨(W. M. Junkin) 선교사가 전주에 들어와 학원 선교를 구체화한 것을 기리는 기념관으로 일반인들의 발길이 이어지고 있다.

전주 한옥마을에는 은행나무가 있다. 그 은행나무 안내석에는 '은행나무는 벌레가 슬지 않는 나무로 관직에 진출할 유생들이 부정에 물들지 말라는 뜻에서 조선의 개국공신이 후진 양성을 위해 학당을 세우면서 함께 심은 나무'라고 설명하고 있다. 향교나 성균관 등 학문적 업적을 이루는 교육공간에 심곤 했던 어림잡아 500년이 넘은 은행나무라 한다. 사정이 그러하니 풍남동 은행나무길이 얼마나 유서가 깊은 곳인지 알 만하다.

길 맞은편에는 동학기념관이 있고 은행나무가 심어진 전주 최씨 종가 옆으로는 야생전통차를 마시며 숙박할 수 있는 풍남헌이 자리했다. 은행나무길의 포장공사와 마찬가지로 동락원으로 통하는 그 골목길도 공사 중이었다. 표지판을 따라 좁은 길목을 따라 들어가면서 다양한 담장과 마주하게 된다.

전주 최씨 종가의 암키와를 쪼개 모양을 낸 흙담이 붉은 벽돌로 쌓은 서양식 담장과 만난다. 풍남헌의 콘크리트 담장이 그 반대 면을 구성하면서 교동과 풍남동을 비롯한 한옥마을에 켜켜이 쌓인 시간의 한 단면을 보여주고 있는 것이다.

대문간에서 바라본 사랑채와 안채의 측면

공간을 이동하면서 펼쳐지는 기대감

동락원의 방화벽은 기와와 흙으로 장식한 꽃담이다. 행랑채에 딸린 대문간으로 골목에서 직각으로 꺾어 들어서면 잔디가 깔린 넓고 푸른 마당과 만나면서 공간의 해방감을 느낀다.

앞으로는 두 채의 한옥지붕이, 마당에는 붉은 벽돌로 쌓아올린 굴뚝, 야외아궁이와 함께 몇 그루의 정원수와 석물만 있을 뿐 여느 사대부가의 사랑마당처럼 여유롭다. 그러고 보니 그 공간구성이 조선의 사대부가와 같다. 행랑채와 사랑채 그리고 안으로 자리한 안채. 이동하면서 펼쳐질 공간의 다양함이 기대되는 첫 장면이다.

대문간의 오른쪽으로는 사무실이 있고, 왼쪽으로 5개의 방이 연이어진 행랑채가 길게 놓여 있다. 행랑채를 따라 안으로 들어가면서 사랑채의 측면 쪽마루에 놓인 다듬잇돌, 짚신, 소쿠리, 작은 장독들이 한껏 한옥의 정취를 돋운다.

안채의 측면을 정면으로 보며 들어오다가 다시금 만나게 되는 탁 트인 공간은 기대감 그대로다. 체험행사 중의 하나로 동락원 자체에서 개발한 장을 담가놓은 수십 개의 장독이 줄지어 있다. 숯과 고추를 매단 새끼줄을 하나씩 걸치고 햇볕을 쬐고 있는 장독들은 숙박과 함께 제공되는 다음 날 아침을 기대케 한다. 음식의 고장인 전라도에서 믿을 수 있는 재료를 직접 눈으로 확인하다 보니 어쩌면 당연히 갖게 되는 기대감일 것이다.

우람한 단풍나무 아래에는 나무를 둘러싼 팔각 평상이 이 집의 마당 활용이 얼마나 다양하게 이루어지는 갈음해준다. 안마당은 채소밭이기도 하다. 담장 아래 머위는 봄이

면 자연스레 날 것이고 상추, 시금치, 실파 등 웬만한 야채는 다 있다. 정원 곳곳의 조명은 낮 동안 받아들인 햇빛을 충전했다가 불빛으로 바꾸는 태양광등이다.

왼쪽_ 8칸에 이른 행랑채는 길에 길게 면해 있다.
오른쪽_ 안채와 사랑채, 행랑채가 지붕선을 이어가며 앉아 있다. 장 담그기 등 체험활동이 벌어지는 마당은 잔디를 깔았다.

전킨 선교사를 기리는 기념관

사랑채는 정면 4칸, 측면 2칸 반으로 앞뒤로 2칸씩 분합문을 열면 가운데 방을 둔 마루가 나온다. 보통의 사랑채라면 가운데 중심공간이 대청으로 꾸며지겠지만, 계절에 상관없는 실내공간의 필요성과 숙박시설의 확보를 위해 방으로 꾸민 것으로 보인다. 그래서 3개의 방으로 이루어지고 화장실 또한 실내에 있다. 사면에 쪽마루를 둘러 마루를 통하지 않고 각방에서 독립적으로 출입할 수 있게 했다. 안채도 마찬가지로 툇마루를 통하여 큰방으로 구성된 중심공간과 작은 방으로 드나든다. 안채와 사랑채는 각각 민도리와 소로수장집이지만 모두 각기둥이고 홑처마로 위압적이지 않다.

동락원이 자리한 터는 예전 한국은행 관사가 자리했었는데, 전킨(William McCleery Junkin, 전위렴, 1865~1908) 선교사를 기념하는 기념관인 만큼 건축적으로 다양한 접근이 가능한 곳이기도 하다.

동락원은 기본적으로 전킨 선교사가 활동하던 1890년대 후반의 전주 한옥을 재현하는데 초점이 맞춰졌다. 하지만, 기전대학의 문화생활관인 동시에 일반인을 상대로 한 전통체험과 민박을 위해 지어진 건물로서 그 양식과 공간구성은 복합적일 수밖에 없다.

지붕은 민가에서는 사용할 수 없는 막새기와이고, 현대적 기능의 수용차원에서 공간의 구성이 한옥의 원리를 따르지 않은 것이 사실이다. 그러나 이러한 자재의 선택과 공간의 변용은 한옥이 근대사회를 거치면서 겪었던 역사의 반복일 수도 있다.

서방 종교의 유입과 더불어 근대문물과 제도가 전해지면서 요구되는 공공성격의 한옥에 대해 언급해보는 것은 한옥이 단지 조선시대에만 머물며 그 건축에 맞는 기능만을 감당하지 않은 살아 있는 건축이었음을 알 수 있기 때문이다.

왼쪽_ 태양광 정원등은 그저 꽂아두면 밤 동안 발길을 인도하는 역할을 한다.
오른쪽_ 사랑채의 측면과 행랑채 정면을 따라 안채로 진입한다.
안채 측면의 쪽마루와 벽체에 소쿠리, 다듬잇돌, 짚신, 물레 등 소품을 놓아 교육용으로 활용했다.

시대상을 반영한 당시의 교회

기독교는 1882년 조&미 수호 통상조약 이후 본격적으로 이 땅에 들어왔다. 그들은 의료사업과 교육사업을 앞세워 선교활동을 하고 미국 기독교계 내에서 선교지역을 분할하여 선교사를 파견하였는데, 전북을 포함한 남쪽은 미국 남장로교회에 의해 주도되었다.

우리나라 최초의 장로교 선교사인 언더우드가 1892년 7월 조선의 선교를 선도할 목회자로 물색한 '7인의 선발대(Seven Pioneers)' 중 1명이 전킨 목사였다. 그는 부인과 함께 군산에 마련한 자신의 집에서 예배를 드렸는데, 그곳이 군산 최초의 교회인 구암교회, 개복교회의 전신이 된다.

병에 시달리던 전킨은 전주로 임지를 옮기게 되었는데, 군산에서와 마찬가지로 사랑채에서는 남자아이들을, 안방에서는 부인이 여자아이들을 가르쳤다. 이는 그때까지도 남아 있었던 남녀칠세부동석男女七歲不同席의 유교이념 때문이었다. 그렇게 3~4명의 여학생을 상대로 하여 안방학교로 시작한 것이 기전학교의 모체가 되었다. 가정집 1동을 사들여 여자청년학교라는 간판을 내걸고 전킨 부인이 정식으로 교장에 취임하면서 기전학교가 본격적으로 문을 열게 된 것이다.

기전여학교

한편, 선교사들에겐 네비우스라는 선교정책이 있었다. 기독교의 토착화를 위해 중국에서 활동 중인 네비우스(John L. Nevius) 선교사가 경험이 없는 젊은 선교사들을 위해 내세운 여러 가지 선교방법이었다. 그 중 교회건축과 관련해 '건축양식은 본토양식으로 하고 그 규모는 교회가 유지할 수 있을 정도로 한다.'라는 규정을 찾아볼 수 있다.

본토인으로 하여금 자력으로 교회를 짓게 한 정책으로 교회의 건축은 주로 교인들에 의해 주도되었을 것으로 보인다. 그런데 여전히 팽배한 유교사상 때문에 남자와 여자를 분리하면서 같이 설교자를 바라볼 수 있게 할 수 있는 평면에 대한 고민이 있었을 것으로 짐작된다. 一자형의 건물 한 동 교회가 불가피할 때는 남녀 서로 구분 지어 앉고 병풍이나 휘장으로 경계를 확실히 하며 출입구를 분리하든지, 시차를 두고 출입하게 했을 웃지 못 할 일도 있었다.

교회가 성장하여 신축할 때 가장 많이 이용된 평면은 ㄱ자형의 한옥이었다. 꺾인 부분에 한 단 높게 강단을 두고 출입구를 따로 둔 각 날개에 남녀가 자리했다. 목사는 절대 여신도들과 눈을 마주치지 못하고 남자 신도들만 바라보거나 허공에다 대고 설교를 했다고 전해진다.

이와 같은 ㄱ자형의 교회는 종파에 관계없이 전국에 두루 퍼져 있었지만, 현재 남아 있는 것은 전라북도에 있는 김제 금산교회와 익산의 두동교회 뿐이다. ㄱ자형의 교회는 사회적 인식의 변화에 따라서 1930년대 이후에는 건립되지 않았다.

금산교회도 내부 휘장이 1930년을 전후해서 제거되고 해방 이후에는 남녀가 한 공간에서 예배를 보았다고 한다. 그러나 아직도 시골 마을의 작은 교회를 가면 장막만 치지 않았을 뿐 1분단은 남자 신도들, 2분단은 할머니나 학생들, 3분단은 여자 신도들로 나뉘어 앉는 경우가 허다한 것을 보면 그 당시의 교회 모습에 대한 묘사는 거짓일 수가 없다.

경주 객사동경관(좌)은 박물관으로 쓰였으며, 울산 객사학성관(우)은 울산초교의 전신인 태화공립보통학교로 사용되었다.

성당이나 성공회교회가 한옥으로 남아 있는 경우로 1900년에 바실리카양식을 한옥화하고 동시에 불교의 가람배치 구성을 수용한 강화 성공회성당과 1906년의 온수리 성당이 대표적이다. 또한, 교회나 성당에 딸린 사제관이나 사택도 한옥으로 그들의 서양식 생활에 맞도록 공간을 구성하고 서양재료를 적절히 사용함으로써 근대기 한옥 형태를 보인다. 현재 천안 목천에 한옥으로 교회를 신축 중인 곳도 있다고 하니 한옥교회의 계보가 이 땅에 계속 이어질 것으로 보인다.

강화 성공회성당

오른쪽

1 한옥에 대한 깊은 이해와 애정 없이는 한옥에 어울리는 기물들과 화초들, 조명등으로 생기를 불어넣기가 쉽지 않다. 끊임없는 관심과 손질, 정성이 집을 집답게 한다.
2 사랑채 측면의 쪽마루에 다양한 항아리를 놓아 방문객들이 많은 것을 체험하도록 배려했다.
3 대문간에서 바라본 사랑채와 안채의 측면한옥과 호텔 건물이 겹쳐져 보이면서 색다른 풍경으로 어우러진다.

HOTEL RIVIERA

한옥이 주목받는 현대에 귀중한 건축사례

서방종교 유입 초기, 종교시설의 한옥화와 더불어 근대화가 진행되면서 새로운 건축이 요구되었다. 그러나 한꺼번에 시행되고 창설된 제도를 수용할 건축이 부족하다 보니 전통건축이 그 공급을 담당했다.

서울은 물론 왕조시대 공공건물의 전용轉用은 전국에 걸쳐 일어났다. 가장 활발한 분야는 교육으로 갑오개혁 이후 소학교령에 따라 쓸모가 없어진 전국의 제, 향교, 객사를 공립소학교로 활용했다. 특히 규모가 컸던 객사는 주 출입구의 설치와 창호, 벽체재료를 변화시키면서 교사로 전용하였다.

중고등학교는 정부 차원의 지원으로 이뤄졌던 소학교에 비해 사학으로 이루어지는 경우도 많아 기존의 한옥을 그대로 사용하거나 신축하더라도 한옥으로 교사건축을 하는 경우가 많았다. 현관이 덧붙여지고 2~3칸이 하나의 교실군으로 사용되고, 2층으로 혹은 벽돌집건물에 지붕을 한식기와로 얹는 등 근대적인 기능을 수용하는 교사건축을 계획한 사례는 다시금 한옥에 대한 논의가 활발한 현대에 좋은 건축사례가 될 것으로 보인다.

한옥은 교육시설 전용과 더불어 군대시설, 관사로 이용되었음은 물론이다. 동락원도 민가였다가 한국은행 관사로 시대의 변화를 수용하다가 다시 전킨 선교사가 활동하던 1900년대 초의 상황이 건축에 반영되 현재에 이르고 있으니 그 시대, 그 장소의 흔적을 추적하며 기록하고 오늘날 현대적으로 되살리는 일의 필요성을 더욱 느낀다.

1

2

1 간장 담그기 체험을 하는 곳이라 메주콩을 삶는 가마솥이 걸려 있다. 무쇠솥조차 구하기 어려운 요즘이라 그 또한 하나의 오브제로 충분하다.
2 안채의 툇마루로 마루를 우물마루로 하고 천장을 반자로 처리했다.
3 사랑채의 툇마루로 툇간의 바깥쪽 간살이에 네 짝의 세살분합문을 달고 이중으로 하여 단열성을 높였다. 숙박과 교육장의 기능에 맞게 동선을 고려한 한옥평면이다.
4 병풍과 보료, 서안 등에 의해 방의 분위기가 화려하다.

대지 위 여백 미美

안국선원

서울시
종로구 가회동
11번지

시대와 문화의 변화에 적응하는 한옥

한옥에서 여유를 느끼는 것은 남은 여백에서 고조된다. 여백, 비어 있는 공간으로 채우지 못했지만, 우리 삶 속에서는 여유로운 집으로 남아 있다. 우리네 건축물 역시 아무것도 담지 않은 공간이기를 기대한다. 정확히 이야기하면 햇살이 담기고, 새가 날아다니며 공간을 채우는 곳. 여기에 바람이 쓸고 가는 공간이었으면 좋겠다.

건축물은 시대성과 문화사고가 반영되고 그곳에 머무르는 사람을 생각하고 사람의 생활이 변하듯이 건축물도 함께 변해야 한다. 과연 우리 건축물인 한옥은 우리의 삶이 변하는 동안 얼마만큼 변화하였는가?

한옥은 억울하다. 고건축이란 과거의 역사적 실례가 아닌 오늘날에도 유효한 방법을 발견할 수 있는 하나의 전통이어야 한다. 변화를 주고 변화를 주지 말아야 하는 기준은 그곳에서 사는 사람에 따라 다르다. 한옥이 진정 사람의 배려가 있는 공간이라면 시대와 문화의 변화에 같이 변화해 주는 공간이어야 마땅하다.

왼쪽_ 대문에서 안마당을 바라본 모습이다.
오른쪽_ 대청은 여름의 향인 남동풍에 맞추기 위해 남향을 지켰다.
겨울 햇빛은 아침 10시쯤 대청의 마당 쪽 끄트머리부터 오후 4시쯤이면 안쪽 끝에 닿는다.

간결한 선을 통한 동양의 멋 부여

이제 우리 건축물 한옥으로 들어가 보자. 안국선원은 두 채의 한옥을 하나의 건축물로 연결한 한옥이다. 늘 그러하듯 이곳 역시 공사 전 모습은 참으로 숨을 쉬기가 어려울 만큼 답답한 구조였다. 이에 한옥 원형의 건물 외에는 모두 철거하고 그 공간은 여백으로 두어 동양적인 한옥의 미를 살려 보고자 했다.

완성된 본채 건물의 외형은 정면 4칸, 측면 1칸 반에 정면 1칸 반, 측면 1칸의 날개채가 이어진 ㄴ자형의 평면구성으로 방 2개와 대청마루를 갖추고 있다. 이곳은 두 단의 장대석기단 위로 사다리형초석에 사각기둥을 한 겹처마 오량가의 소로수장집이다. 공사 전 본채는 홑처마이면서 서까래가 짧아 집이 인색한 느낌이 들어서 서까래에 부연을 달아 겹처마로 작업하였다. 본채 앞 본당의 외형은 정면 3칸, 측면 1칸에 정면 1칸 반, 측면 1칸의 날개채가 이어진 ㄴ자형의 평면구성으로 방 2개를 갖춘 삼량가 맞배지붕이다. 전체적으로는 홑처마로 하고 입구에서 보이는 면은 본채와 같이 겹처마로 했다. 이외에 별채는 방, 화장실, 주방, 협문을 갖춘 홑처마 삼량가의 맞배지붕으로 구성되어 있다. 전체적으로 외벽에는 화방벽을 두르고 안마당 벽은 본채에서도 보이는 벽면 일부에다 전통 꽃담 형태의 문양을 넣어 단조로운 벽의 이미지를 탈피하였다. 후면은 뒷담을 철거하고 아래 선원 본당과 연결되도록 대문을 만들었다.

여백의 미를 살린 안국선원의 앞마당은 전체적으로 깔린 전돌이 주는 무거움을 덜기 위해 마당 가운데 손바닥 정원을 만들고 매화나무를 심었다. 한옥의 계절과 자연의 변화를 체험할 수 있는 빈 마당은 채와 채가 저만치 떨어져 중첩되는 공간이 만들어지고 바람 길이 만들어졌다. 비울수록 여유가 생기는 집이 한옥이다. 마당의 적당한 거리에 의해 건너편 방에 대해 소통과 교류하고 싶은 마음을 불러일으킨다. 늘 사람들로 북적되는 공간에 전돌이 주는 절제의 미와 나무, 화초, 이끼가 주는 푸른 생동감이 조화를 이룬다. 주변은 전체를 정원으로 조성하여 전체적으로 간결한 집에 부드러움과 따뜻한 느낌이 들도록 했다.

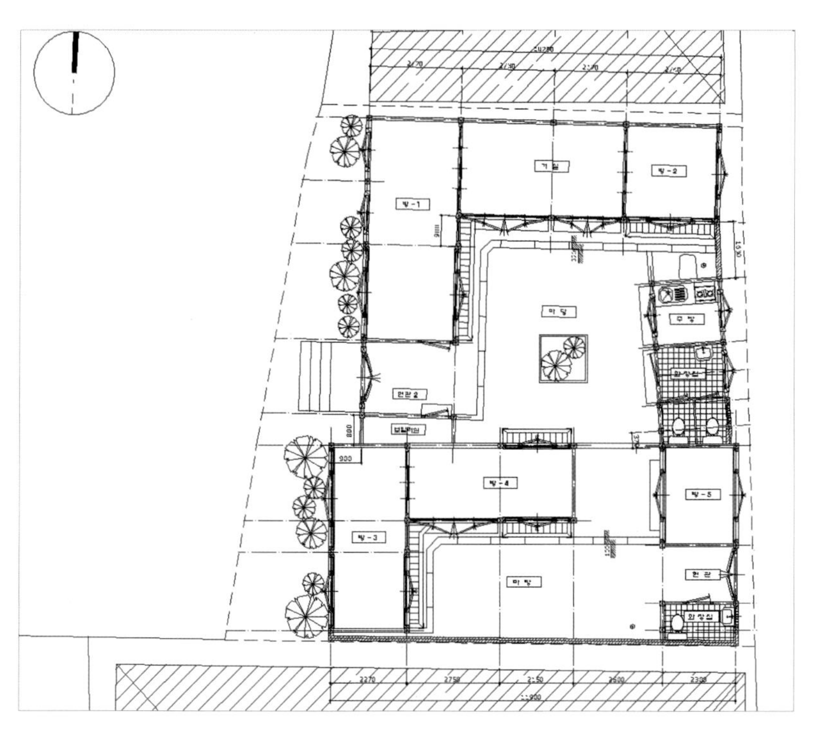

안국선원 평면도

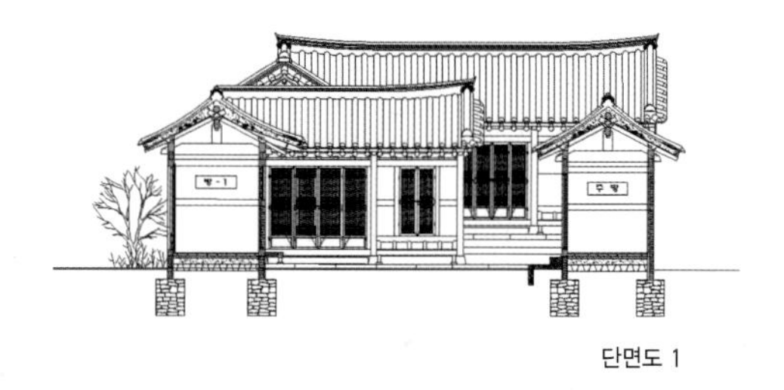

단면도 1

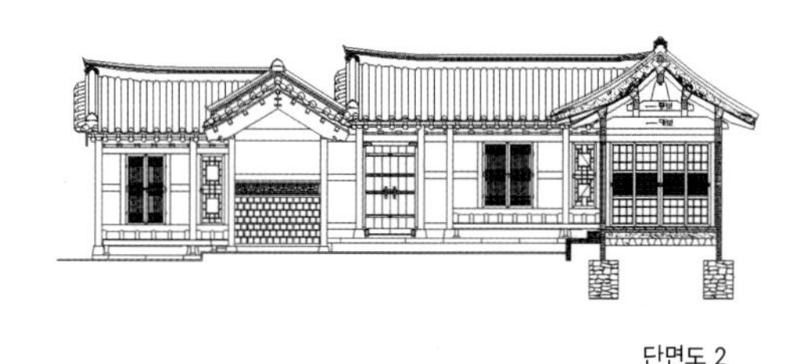

단면도 2

입면도 2

왼쪽

1 안국선원은 두 채의 한옥을 하나의 건축물로 연결한 겹처마 소로수장집이다.
주변은 전체를 정원으로 조성하여 전체적으로 간결한 집에 부드러움과 따뜻한 느낌이 들도록 했다.
2 빈 마당은 자연과 하나되어 자연을 집안으로 끌어들여 함께 하는 즐거움과 이로움을 주는 공간이다.
3 마당 가운데 손바닥 정원을 만들고 매화나무를 심었다.

1 본채와 별채 사이에서 대문간채를
바라본 모습으로 문간채 좌측에 보일러실을 두었다.
2 본채 대청마루에서 세살청판문을
통해 본 본당의 채가 저만치 떨어져 있어
중첩되는 공간이 만들어진다.
3 방의 바닥은 온돌마루이고 천장은
서까래가 노출된 연등천장이다. 네 짝의 만살 미서기
뒤의 방을 승복을 보관하는 장소로 사용하고 있다.
4 한지 대신 유리를 낀 여닫이 세살 쌍창이다.
5 현대식으로 개량된 화장실이다.
6 본당의 측면으로 화방벽을 한 삼량가 맞배지붕이다.
벽면 일부에다 전통 꽃담 형태의 문양을 넣어
단조로운 벽의 이미지를 탈피하였다.

문화
공간
04

천 년의 종이 한지

지담紙談

전북
전주시 완산구
풍남동3가 33-5

전주 한옥마을에 들어서서는 천천히 걸어야 한다. 보폭은 넓게 그리고 여유 있게 걸으면서 마음의 풍경이 흔들리며 움직이는 대로 쨍그랑거리는 맑은소리를 들어야 한다. 발자국마다 고풍이 따라온다. 한옥마을 안에 있는 한지등 제작, 판매, 체험공간인 한지문화의 공간 지담紙談은 한지에 꾸밈을 주어 장식적인 가치를 첨가하는 한지공예체험을 하는 곳이다. 손끝에서 이루어지는 한지공예는 발랄한 재치와 맛깔스러운 자연색의 작고 기발한 작품을 만나면 마음에도 웃음이 고인다. 지담은 한국적인 전통문화를 보여주려는 마음이 보이는 곳이다.

자연이 만들어낸 한지

한지는 통기성과 햇빛 투과성으로 말미암아 창호지로 많이 사용한다. 한지는 자연을 이용하여 만들어져 다시 자연으로 돌아간다. 한지는 햇빛, 물, 바람, 불, 시간이라는 자연의 힘이 만들어낸 물체마다 지니고 있는 아무것도 가공되지 않은 자연의 색이다. 한지는 '닥나무를 베고, 찌고, 삶고, 말리고, 벗기고, 삶고, 두들기고, 고르게 섞고, 뜨고…' 마무리하는 데까지 백번이라는 과정을 거쳐야만 한지가 만들어진다고 하여 백지百紙라고 했다. 세계 최고의 목판인쇄물이고 동시에 세계에서 가장 오래된 닥종이로 불경을 적은 『무구정광대다라니경』이 1,200년을 탑 속에서 보내고도 형체를 보존하고 있다는 것은 우리의 제지기술의 우수성을 알 수 있다. 서양의 종이는 산성지로서 대개 50년에서 100년 정도가 되면 누렇게 변색하고 삭아버리지만, 한지는 중성종이로 세월이 가면 갈수록 오히려 결이 고와지고 수명이 천 년 이상이 되도록 장구하다.

조명 프레임에 다양한 문양을 새겨 넣은 한지를 입히고 빛으로 밝힌 한지조명등은 한지를 통해 퍼지는 은은하고 잔잔한 빛의 파장과 그 빛을 통해 선명하게 드러나는 문양의 아름다움이 다른 조명과는 비할 수 없는 멋과 기품을 갖고 있다. 한지와 빛은 그 장점을 서로 배가시켜 한지 밖으로 비친 빛은 삭막하고 도시화한 공간에 인간적인 따스함과 편안함을 제공해 준다. 한지조명등은 단순미와 기능성, 경제성, 독창성을 지니며, 현대인의 감성과 주거형태와 어울리는 생활용품이면서 실내장식 소품이나 공공장소의 디스플레이용품으로도 손색이 없는 오브제다. 한국의 전통적인 아름다움, 한지를 통해 표현되는 따뜻하고 포근한 한국의 이미지와 정서를 보여주기에 적합한 소재이다.

왼쪽_ 와편담장으로 밑에는 호박돌과 흙으로 막쌓기하고
위로는 와편과 흙으로 쌓아 토속적인 정감이 있고 전체적으로 안정감을 준다.
오른쪽_ 지고지순紙古紙純 상품관. 전통문양의 다양한
전통 갓과 한지등, 수납장, 과반, 지갑, 넥타이, 스카프, 옷 등을
전시·판매하는 공간으로 활용하고 있다.

사진촬영금지

1 본채인 햇빛마루는 외벌대의 기단에 사다리형초석 위로 사각기둥을 한 익공식으로 홑처마 팔작지붕의 소로수장집이다.
2 새벽밝음 조명관의 가운데 한 칸은 중문을 내어 뒤채로 이어지는 통로로 활용하고 있다.
3 본채인 ㄱ자형의 햇빛마루 체험관과 ㅡ자형의 새벽밝음 조명관이 안마당을 중심으로 ㄷ자형의 평면구성을 이루고 있다.
4 지고지순紙古紙純 상품관은 정면 5칸, 측면 1칸 ㅡ자형의 삼량가 팔작지붕으로 직절익공 소로수장집이다.
5 조명 프레임에 다양한 문양을 새겨 넣은 한지를 입히고 빛으로 밝힌 한지조명등은 한지를 통해 퍼지는 은은하고 잔잔한 빛의 파장과 그 빛을 통해 선명하게 드러나는 문양의 아름다움이 다른 조명과는 비할 수 없는 멋과 기품을 발산한다.

지고지순紙古紙純, 지담

전주 리베라호텔 쪽에서 긴 골목길을 따라 들어서면 낮은 와편담장을 두른 고즈넉하게 마주하는 공예공방 지담紙談의 한옥 세 채가 보인다. 한 칸의 대문간에 기둥을 네 개 세워 만든 사주문을 들어서면 정면 5칸, 측면 2칸에 정면 2칸, 측면 1칸이 이어진 ㄱ자형의 본채인 체험관 햇빛마루가 보인다. 햇빛마루는 외벌대의 기단에 사다리형초석 위로 사각기둥을 한 익공식이고 홑처마 팔작지붕의 소로수장집이다. 민가에서의 익공식은 대부분 익공을 뾰족하거나 물익공 형태로 만들지 않는 직절익공으로, 기와는 한식기와, 처마 쪽에는 기와 끝에 드림새를 붙여서 마감이 깔끔하도록 막새기와를 썼다. 본채 맞은편 정면 5칸, 측면 1칸의 一자형의 새벽밝음 조명관은 삼량가 팔작지붕으로 서까래가 노출된 연등천장으로 했다. 가운데 한 칸은 중문을 내어 뒤채로 연결되는 통로로 활용하고 조명관 건너편은 한지로 꾸며진 은은한 분위기의 상담실도 마련했다. 조명관 뒤편의 정면 5칸, 측면 1칸의 一자형 지고지순紙古紙純 상품관은 삼량가 팔작지붕으로 전통문양이 들어간 전통 갓과 한지등, 수납장, 과반, 지갑, 넥타이, 스카프, 옷 등을 전시·판매하는 공간으로 활용하고 있다.

1 조명관 건너편에 한지로 꾸며진 은은한 분위기의 상담실도 마련했다.
한지 밖으로 비친 빛은 삭막하고 도시화한 공간에 인간적인 따스함과 편안함을 제공해 준다.
2 본채와 아래채 사이로 안마당과 사주문이 보인다.
3 안채의 뒤뜰 모습.

유엔사무총장의 공관을 한지로 꾸미다

미국 뉴욕 맨해튼에 있는 반기문 유엔사무총장의 공관을 전주 한지로 꾸몄다. 유엔사무총장 관저와 VIP 접견실, 유엔 한국대표부 메인홀, 회의실 등을 한지와 한지공예품으로 수놓아 관저가 한지의 은은하고 편안한 분위기가 물씬 풍기는 사랑방으로 꾸며져 관저 방문객들에게도 한국의 전통적인 멋을 느낄 수 있는 특별한 공간으로 전주 한지의 우수성을 세계에 널리 알리는 계기가 됐다. "가장 한국적인 것이 가장 세계적인 것이다."라는 전통적 가치의 새로운 접근과 평가가 이루어지고 있고, 실제로 정부에서는 최근 '한 브랜드 전략지원 사업'을 지정함으로써 한지를 비롯해 한옥, 한복, 한식, 한국어, 한국학, 한국음악과 관련된 다양한 사업들을 발굴, 정책적으로 지원하겠다는 방침을 정했다. 전통의 보존은 정책적인 지원과 보호가 필요하지만 한지를 현대화하고 산업화하는 경쟁력을 확보하려면 현대인의 삶과 생활 속에서 효율적인 방법과 길을 찾는 시장경쟁체제 속에서 모색되어져야 한다.

3

2

1 본채의 뒤편으로 나 있는 협문으로 일각문이다.
2 대문을 들어서면 디딤돌이 한지의 문화공간으로 안내하고 있다.
3 한 칸의 대문간에 기둥을 네 개 세워 만든 사주문인 대문이다.

문화
공간
05

문화와 사교의 중심장소

선교장 · 열화당悅話堂

강원
강릉시 운정동
431

선교장의 사랑채인 열화당

선교장에 열화당 작은 도서관이 개관식을 하고 본격적인 운영을 시작했다. 열화당 작은 도서관은 귀중한 문화재인 동시에 관광객과 시민의 독서공간으로의 역할도 담당하게 됐다.

'기쁘게 이야기하는 집'이란 의미가 있는 열화당은 120m²(36평) 규모로 남자의 전용공간이다. 선교장이 철저하게 유교적인 덕목을 받아들인 사대부 집의 전형이어서 남녀와 신분의 차이에 의한 활동공간의 건물배치가 위계에 따랐다. 사랑채에서 내려다보도록 배치한 행랑채의 배치 또한 사대부 집의 정형적인 배치다. 사랑채는 높게 짓고 행랑채는 낮게 지어 건물만 보아도 신분의 상하를 알 수 있다. 대장원을 운영하면서 그 경제적인 능력으로 국가에서 하지 못한 대단위의 숙식공간을 운영한 특이한 예이다. 선교장에는 사랑채와 중사랑채가 같은 공간에 있는데 열화당은 사랑채의 이름이다. 주변 풍경이 아름다워 과거에는 관동팔경을 구경하러 온 여행객들로 북적거렸으며 가장 학식이 높고 귀한 이들만 열화당에 드나들 수 있었다. 현대에 들어서도 현존하는 최고의 고택으로 주목받는 선교장의 문화가치를 효율적으로 활용하기 위해 문화체육관광부와 강릉시는 열화당에 작은 도서관을 조성했다. 효령대군의 11대손인 이내번이 처음 이곳에 터를 닦았고, 사랑채인 열화당은 1815년에 이후가 건립하였다. 활래정은 그 이듬해 세운 것을 증손인 이근우가 현재의 건물로 중건하였다.

열화당 뒤편에 우람하게 서 있는 계화나무와 선교장 전체 배경을 이루는 관운장 노송들이 어울려 한 폭의 그림이다.

안채는 동편에 있으며 ㄱ자형의 평면구조로 동쪽 끝이 부엌이고 건넌방은 서쪽에 있다. 안채와 행랑채 사이에는 담을 쌓아서 막았으며, 행랑채는 남쪽에 있고 서쪽으로 사랑채에 출입하는 솟을대문이 있다.

열화당은 높은 석축 위에 서 있고 동별당은 안채 동쪽의 전면에 2층으로 된 높은 석축 위에 있으며 맞은편에는 서별당이 있다. 활래정은 대문 밖인 선교장 입구에 있는 큰 연못 옆에 세워진 정자로서, 연못 속에 돌기둥을 세워 주위에 난간을 돌렸으며 팔작지붕에 겹처마의 납도리집이다.

재물을 직접 나누지 않으면 하늘이 나누어 준다

사대부 집은 남자 주인이 머무는 사랑채가 중심이었다. 선교장의 사랑채인 열화당은 자연 문화와 사교의 핵심장소가 되었다. 남자의 역할과 여자의 역할이 나누어졌던 조선시대에 남자의 공간인 사랑채는 사교와 문화의 장소였고 찾아온 손님들이 머무는 장소였으며, 조선의 정치와 문화에 대한 정보가 넘치고 활기가 넘치는 문화의 광장이었다. 당대의 석학과 문인, 예술가들이 만나는 화합의 장이었다. 관리를 비롯한 전국에서 모여든 시인, 기인, 묵객들이 머물면서 주인과 함께 이야기꽃을 피웠던 곳이 열화당이다. 선교장은 학자와 예술가들의 산실로 그들의 후원자 역할을 했다. 숙식을 시인, 묵객들에게 제공하면 그들은 이곳에서 신세를 진 보답으로 직접 그린 작품을 놓고 가는 것이 관례였고 예의였다. 이들 서예가와 화가들이 남긴 각종 작품인 책자와 화첩이 한국 조선 문화예술의 종합이라고 할만하다. 그 양이 무려 10톤 트럭으로 한 트럭 분가량 선교장에 남아 있을 정도였다고 한다.

조선의 권력가와 예술가, 기인이나 승려 등이 머물고 기숙하는 데 필요한 모든 경비는 무료였다. 숙식은 물론 옷까지도 세탁해 주었고, 짚신을 삼아 제공해 먼 길을 가는 사람의 편의를 제공해 주었다. 이 재원을 충당하는 것이 장원의 운영이었다. 장원의 운영은 남자 주인이 했지만, 실질적인 입출에 대한 세부적인 사항과 운영은 여자주인이 했다.

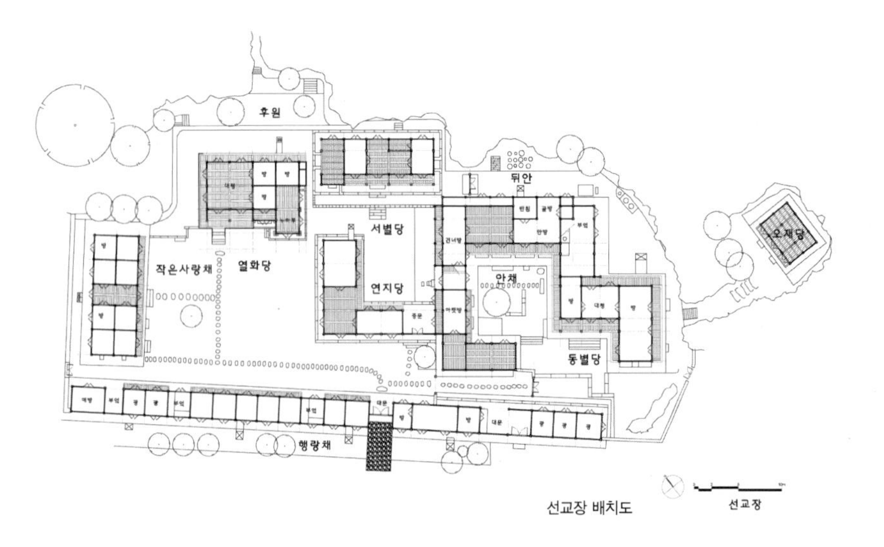

선교장 배치도

열화당 평면도

3

4

5

6

1 행랑채 모습. 행랑채는 남쪽에 있고 서쪽으로 사랑채에 출입하는 솟을대문이 있다.
행랑채는 一자로 23칸이나 배치했다.
2 선교장의 사랑채인 열화당은 순조 15년(1815)에 오은거사 이후가 건립한 건물로
선교장의 중심에 있는 단아한 건물이다.
3 햇볕과 비가 들이치는 것을 막기 위해 건물 앞쪽에는 동판을 너와처럼 이은 차양시설을 했다.
4 세벌대 높은 댓돌 위에 있어서 계단에 올라서야 들어서게 된다.
넓은 평면에 방은 3칸이고 나머지는 우물마루로 그중 1칸은 누樓를 갖추고 있다.
5 一자형의 겹집형태의 평면으로 북방계의 특색을 보이고 있고, 넓은 대청마루는 남방계의 특색을
보이는 이중구조의 건물이다.
6 열화당 편액. 열화당은 도연명의 『귀거래사』에서 이름을 따온 것으로 우애와 화목
그리고, 친교를 나누는 집으로 일가친척이 이곳에서 정담과 기쁨을 함께 나누자는 뜻이다.

안채가 가진 각별한 위계

찾아오는 그 많은 사람을 위한 편의제공은 안채의 주인이 맡았다. 조선의 특별한 점은 남자와 여자가 따로 생활하는 공간과 역할이 있었다. 사회활동에서의 형식적인 위치는 남자가 절대 우위를 점했지만, 경제권과 사랑채보다 안채가 가진 위계에서는 여자가 일정부분 주도권을 가졌다. 남성중심 사회였던 다른 나라와 분명히 다른 점이다.

경제권을 여자에게 준 나라도 없고, 여자가 결혼을 하면서 여자의 성을 그대로 갖게 한 나라도 드물다. 그만큼 여자에 대한 권리는 보이지 않는 곳에서 발휘된 것이 조선사회였다. 경제권을 쥔 것이 여자였기 때문에 여자의 영향력은 그만큼 컸다. 집안 돌아가는 사정과 경제적인 운영을 환히 아는 여자의 권력은 뜻밖에 컸다. 남자는 전면에 나서서 바깥일, 즉 세상 돌아가는 일에 관심을 갖었지만, 여성은 집안일에서 주도적인 구실을 했다.

선교장만이 가진 현상이 아니라 조선 사대부 집의 안채는 사랑채보다 더 깊은 곳에 자리를 잡고 있다. 조선시대 사대부 집의 실질적인 중심은 안채였다고 할 수 있다. 선교장도 마찬가지로 일반 사대부 집과 달리 수평적인 배치를 한 안채와 사랑채로 안채의 높이가 사랑채보다 높은 대지에 지어져 있다. 열화당은 활력이 넘치는 남자의 공간이었지만 열화당을 유지하게 해 준 것은 안채에서 일하는 여자들 노고의 결과였다.

안채와 사랑채를 나누기 위하여 협문이나 중문을 두는 경우가 일반적인 형태인데 선교장은 대문이 두 개가 있다. 하나는 안채로 들어가는 평대문이고, 하나는 사랑채로 들어가는 솟을대문이다. 솟을대문은 남자와 손님이 출입하는 이 집의 공식 대문이고, 솟을대문이 없는 오른쪽의 평대문은 여자와 가족이 출입하는 대문이다. 대문을 두 개 만들어 놓은 것은 사는 사람을 배려한 것이다. 이 집의 건물배치는 가로로 길게 늘어서 있어 사랑채로 통하는 대문을 하나만 설치해 놓으면, 안채로 출입하는 여자들은 빙 돌아들어 가야 하는 불편이 발생하기 때문이다. 그래서 안채로 드나드는 평대문을 따로 마련한 것이다.

솟을대문에는 '선교유거仙嶠幽居'라는 현판이 걸려 있다. '신선이 거처하는 그윽한 집'이라는 뜻으로 소남 이희수의 글씨다. 조선의 사내들이 모여들고 떠나가던 곳, 선교장은 진정 신선 같은 주인의 마음이 묻어나는 명가다. '재물을 직접 나누어주지 않으면 하늘이 나누어 준다.'라는 명가의 주인의 한 마디가 깊은 의미를 던진다. 무료로 숙식과 여행편의를 제공해 주던 주인의 마음이 더욱 그리운 시절이다.

왼쪽_ 방에 세살청판분합문과 누마루에 세살분합문을 달았다. 여닫이 쌍창이다

오른쪽_ 안채와 행랑채 사이에는 샛담을 쌓아서 막았으며, 선교장은 긴 행랑채 가운데 사랑으로 통하는 솟을대문과 안채를 통하는 평대문을 나란히 두었다.

1

2

3

4

5

6

1 선교유거仙嶠幽居. '신선이 거처하는 그윽한 집'이라는 뜻이다.
현판이 걸린 솟을대문은 남자와 손님이 출입하는 공식적인 대문이다.
2 자연석, 사괴석, 전돌로 기단을 쌓고 머름형의 평난간을 설치해 구성이 단순하면서도 격조가 있다.
3 두 줄의 띠쇠로 충량을 보강했다.
4 홑처마와 차양의 지붕이 맞대 있고 추녀에 풍경을 달았다.
5 차양 끝에 연꽃 봉우리의 초각으로 모양을 내었다.
6 방형의 장주초석과 사각에서 팔각으로 다듬은 차양의 기둥 모습이다.

문화
공간
06

예학을 가르치는 곳

은농재隱農齋

충남
계룡시 두마면
두계리 96

예학의 거두인 김장생

은농재는 선비들의 스승인 김장생이 살던 집으로 현재는 예학을 가르치는 문화공간으로 활용하고 있다. 예학은 도학과 성리학을 바탕으로 어질고 바른 것이 무엇인지를 밝히고, 사람의 마음을 바르게 하여, 어질고 바른 정치를 행하고, 사회의 윤리와 풍속을 아름답게 만들고자 옳고 그른 기준을 제시하고 실천하는 학문이다. 김장생은 우리나라 예학의 거두로 임진왜란과 호란을 겪은 조선사회의 사회질서와 국가를 재건하기 위한 실천적인 성격을 지니고 있었다. 예학의 근원에 대한 성찰을 한 것이 김장생의 덕목이다. 김장생의 사상을 현재에 적용시키려는 것은 어리석은 일이다. 근본원리만을 취하면 되는 것이 예의 근본이다. 예의 실천방법은 변하지만 근원은 변하지 않기 때문이다. 김장생은 예의 본질에는 변치 않는 덕목이 있지만, 예의 형식은 시간과 장소 그리고 대상에 따라 변화한다는 점을 명확히 했다.

왼쪽_ 사랑채가 훤하게 트인 마당이 중심으로 보인다.
뒤로는 안정적인 산이나 안채를 기반으로 하고 전체를 관망하는 장소가 사랑마당의 중심이다.
오른쪽_ 사계고택. 평대문 안쪽으로 보이는 건물이 사랑채인 은농재이다.

김장생이 '모든 인간이 어질고 바른 마음으로 서로 도와가며 함께 살아갈 수 있도록 개개인의 행동방식을 구체적으로 규정하는 질서가 필요하다.'라고 보고 예론禮論에 관심을 두고 깊이 연구하였다. 김장생의 사상에 있어 어진 마음(仁)과 바른 마음(義)은 도덕과 선악을 판단하는 기준이라고 보았다. 예는 어진 마음과 바른 마음을 드러내는 형식이며 절차이다. 예는 어질고 바른 것이어야 하지만, 어질고 의로운 것이 상황에 따른 방법에는 다를 수 있다고 보았다. 김장생의 제자는 아들인 신독재 김집을 비롯하여 우암 송시열, 동춘당 송준길, 초려 이유태 등 당대 대유학자를 다수 배출하여 기호학파를 형성하게 되는 계기가 되었다.

예학의 중심 문화공간, 은농재

은농재는 지형에 맞춰지어 동북향을 하고 있다. 북쪽에는 넓은 들이 있고, 들 가운데로 두계천이 동으로 흐르며, 두계천을 따라 호남선이 지나가는 곳에 자리 잡고 있다.

은농재 대문에는 '사계고택沙溪古宅'이란 현판이 걸려 있는데 사계는 김장생의 호다. 글씨는 현대서예가 여초 김응현이 썼다. 김장생이 말년에 벼슬을 버리고 고향에 내려와 살면서 학문을 연구하던 곳으로, 조선시대인 1602년, 선조 35년에 건립하였다. 김장생고가는 사랑채인 은농재와 더불어 안채와 대문채, 별당채 그리고 안채 뒤의 가묘로 구성되어 있으며 사괴석 담장으로 둘러싸여 있다. 안채는 중문채과 안사랑채로 구분되고, 연못이 있는 곳에 별당채 앞에는 괴목들이 우거진 연못이 있다. 연못의 백련은 선조 25년, 1592년으로 임진왜란이 일어나던 해에 심었던 것을 논산으로 오면서 가져다 다시 심은 것이다. 600여 년의 세월이 되었음에도 해마다 다시 새롭게 피어난다. 사랑채인 은농재는 정면 4칸, 측면 2칸의 홑처마 우진각지붕으로 높은 기단에 자리하고 있어 권위가 있어 보인다. 사랑채의 구조는 3칸이 방이고 우측 한 칸이 부엌과 다락으로 구성되어 있다. 방으로 되어 있는 3칸 모두가 대청을 들이지 않고 온돌로 되어 있어 보기 드문 예다. 원래는 초가로 지붕을 이은 집이었으나 수리할 때 기와를 얹은 것 외에는 비교적 원형을 잘 유지하고 있다.

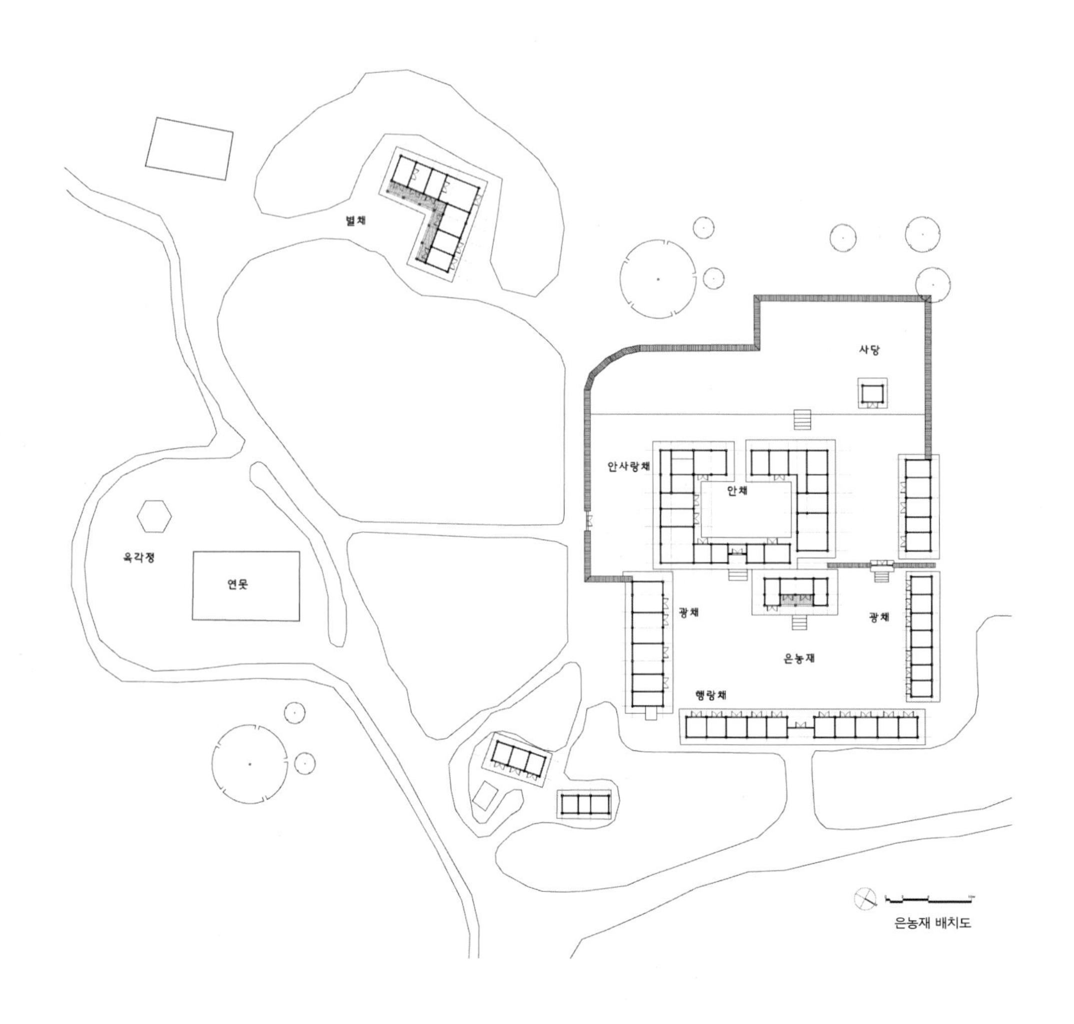

은농재 배치도

1

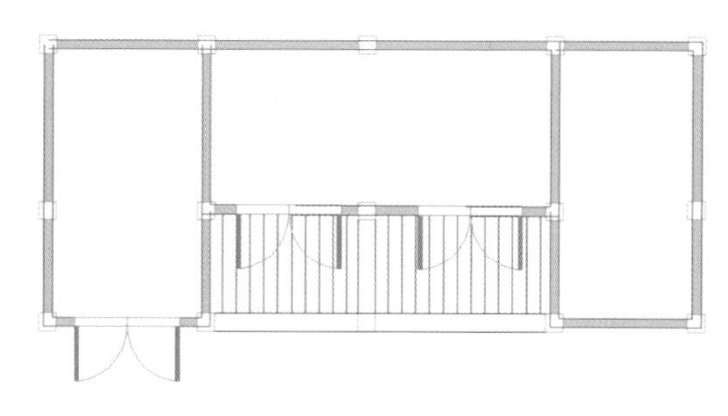

사랑채 평면도

안사랑채 평면도

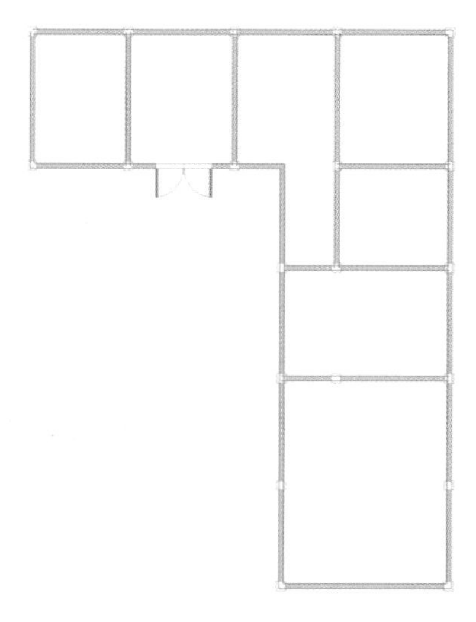

안채 평면도

1 사랑채는 정면 4칸, 측면 2칸의 우진각지붕으로 되어 있다.
사랑채의 구조는 3칸 모두가 온돌로 되어 있는 방이고 우측 한 칸이 다락과 부엌으로 구성되어 있다.
2 사랑채 옆 중문으로 와편굴뚝이 눈에 띈다.
기단은 복원 전에는 낮았으나 지금은 높게 쌓아 권위가 보인다.
3 ㄱ자형의 안채와 ㄷ자 형태의 안사랑채가 결합하여 튼 ㅁ자 형태를 이룬다.

특별한 안채의 구성방식과 배치

사랑채를 돌아 중문을 지나면 안채가 있다. 안채구조는 튼 ㅁ자형으로 다른 집과는 구성방식이 다르다. 대부분은 안채가 ㄱ자 형태 또는 ㄷ자 형태를 취하고 광채 또는 사랑채와 함께 ㅁ자 또는 튼 ㅁ자 구조를 이루고 있다. ㄱ자형의 안채와 ㄷ자 형태의 안사랑채가 결합하여 튼 ㅁ자 형태를 이룬다. 안사랑채 앞쪽부분이 중문의 역할을 하고 있다.

대부분 집에서 안채가 좌측에 있는 것은 남향으로 배치된 집을 기준으로 정침의 동쪽에 사당을 배치한다는 주자가례에 따라 사당을 배치하고 나면 부엌과 더불어 여성공간의 중심이 되는 안방은 사당 반대쪽으로 배치되는 것이 자연스러운 모습이다. 김장생고가는 사당을 주자가례에 의하여 우측에 배치하였지만, 안방도 같은 위치에 배치하였다.

사당은 정면 한 칸, 측면 한 칸의 맞배지붕으로 구성된 자그마한 사당이다. 바닥이 지상에서 떠있는 마루구조로 되어 있다. 마루 하부가 떠있어 마치 누각처럼 보인다.

김장생 고가의 별채는 담 밖에 별도로 지어져 있다. 별채는 갓 시집온 새 며느리가 일정 기간 생활하는 장소였다. 일종의 며느리가 가풍을 익히는 교육공간이기도 했지만, 여성 삼대가 한 집에서 적응하며 살아가는 방편이기도 했다.

김장생고가는 2,800여 평으로 별채 쪽은 아름다운 정원으로 꾸며 놓았다 지금은 많이 변형되었지만, 사각형의 연못이 있고 철쭉과 같은 키 작은 나무를 심어놓았다.

1 두계 은농재.
사랑채 마당과 문간채, 광채가 보인다.
사랑채 마당은 건물 규모에 비해 넓은 마당을 갖췄다.
2 사랑채인 은농재의 측면 모습이다.
3 여러 채의 건축물이 만나면 어수선해 보이지만
한옥은 서로에게 풍경이 된다.
어느 곳에 있어도 멋진 풍경이 만들어진다.
4 사랑채 마당과 안채를 드나드는 중문에 가림막을
설치하여 안채를 밖의 시선으로부터 보호했다.

1 미닫이 용자살 영창을 통해 들어오는 빛이 은은하면서도 밝다.
2 방과 방 사이의 문은 언제든 들어내서 트인 공간으로 사용할 수 있도록 했다.
한옥은 격리된 공간과 공간을 터 확대된 공간으로 활용할 수 있게 하였다.
3 정면 11칸의 문간채 한가운데에 대문이 안정감있게 자리했다.
대문은 평대문으로 학자집안의 검소함이 보인다.
4 김장생 초상. 율곡 이이의 적통을 이어받아 조선 예학을 완성한 예학의 종장이다.
적통이란 학파의 사상과 학문을 전수받은 사람이고, 종장이란 그 학문의 가장
대표적인 인물을 말한다.
5 망와. 망와의 모습이 독특하면서도 귀엽고 기발하다. 도깨비 같기도 하고,
장난스러운 얼굴을 표현한 것 같기도 하다.
6 사당은 정면 한 칸, 측면 한 칸의 맞배지붕으로 구성된 자그마한 규모다.
바닥이 지상에서 떠있는 마루구조로 되어 있다.

문화 공간 07

공공을 우선한 정신이 살아 있는 곳

국민대 명원민속관

서울 성북구 정릉동 861-1

공공을 우선한 한규설의 정신

조선의 대신들을 불러놓고 한 명 한 명에게 을사늑약의 찬부贊否를 물었다. 을사늑약의 체결을 밀어붙이던 상황으로 반대하면 어떠한 불이익이 닥칠지 모르는 상황에서 한규설은 자신의 의지를 굽히지 않고 고종에게 "죽지 않는 사람이 없고 망하지 않는 나라도 없나이다. 임금과 신하가 모두 사직에 순국하면 망할지라도 천하에 할 말이나 있을 것이나, 그렇지 못하고 망하면 추한 냄새를 만년에 남길 것이오이다."라고 간언한다. 한규설은 1910년 일제가 준 남작 작위를 거부했으며, 1920년 이상재 등과 함께 조선교육회를 만들고 그 뒤 민립대학기성회로 발전시키는 등 민족의 미래를 위한 교육 사업에 여생을 바쳤다. 개인의 이익을 떠나서 공공을 우선한 한규설의 정신은 지금도 빛난다. 그런 그가 살던 집이 그의 죽음과 함께 권위와 위엄이 사라져 집마저도 사라질 위기에 있는 것을 뜻있는 사람이 사서 현재의 자리로 옮겨 놓았다. 집이 터전을 옮기면 분위기와 모양도 달라지지만 폐기되지 않고 보존되었다는 것만으로도 다행스러운 일이다. 세월이 시키고, 세상이 시키는 일을 거슬러 올라가기란 한 사람의 힘으로는 벅찬 일이다.

왼쪽_ 한옥에서 차경借景은 풍경을 빌려온다는 뜻이기도 하고,
풍경을 안으로 들인다는 의미가 있기도 하다. 자체가 풍경이 되면서 주위의 풍경을 끌어들이는 것이
차경이다. 대청에 앉아 보이는 풍경들이 마치 액자에 넣은 대형 그림처럼 보인다.
한옥의 대표적인 아름다움 중 하나이다.
오른쪽_ 명원민속관 전경. 기와지붕이 주는 운치와 배열이 아름답다.
중간마다 나무들이 있어 살아있는 공간으로 다시 태어난다.

다례와 전통문화의 교육장, 명원민속관

한규설가옥은 1977년 3월 17일 서울특별시민속자료 제7호로 지정되었다. 조선 말엽에 병조판서·한성판윤을 지내고 을사늑약 체결에 반대한 한규설이 살던 가옥은 장교동에 있던 것을 국민대학교의 새로 조성된 1,359평의 대지 위에 원형 그대로 옮겨 세워 명원민속관茗園民俗館으로 이름이 바뀌어 생활관으로 쓰고 있다. 1890년경 지어진 한규설가옥은 1980년 도시 재개발로 없어질 위기에 처하자 이전해 온 것이다. 이를 추진한 사람은 바로 고 김미희 여사로 국민대학교의 발전을 일군 김성곤의 부인인데, 1968년부터 전통 차 문화를 연구하며 한국에서 잊혀가던 차 문화 부흥을 위해 노력한 분이다. 이 집을 다례와 전통문화의 교육장으로 활용하겠다는 뜻을 펼치고자 하였다. 그리고 자신의 다실인 '녹약재'의 이름을 따라 '녹약정'이란 정자와 연못을 만들고, 조선 후기 차 문화를 중흥시킨 인물인 다성 초의선사가 기거하던 전라남도 해남 대흥사 일지암과 같은 형태로 초당을 지었다. 문간채, 사랑채, 안채, 사당채에 두 영역이 더해져 지금의 명원민속관이 완성되었다. 옮겨 세우면서 솟을대문 좌우 행랑채와 중문간 행랑채 사이의 담도 복원하고 손실된 솟을대문도 복구했다.

안채는 ㄴ자형 평면으로 정면 6칸, 측면 2칸 규모이고, 측면은 정면 4칸, 측면 1칸 반 규모이다. 안방은 정면 1칸 반, 측면 3칸 크기이고, 안방 동쪽으로 정면 3칸, 측면 2칸 크기의 대청이 정면 중앙에 자리 잡았으며, 그 동쪽으로 정면 1칸 반, 측면 2칸 크기의 건넌방이 자리 잡고 있다. 안방 뒤로는 정면 2칸, 측면 1칸 반 크기의 부엌과 정면 1칸 크기의 부엌방이 차례로 자리 잡고 있다. 안채의 구조는 외벌대 장대석기단 위에 사다리꼴초석을 놓고, 사각기둥을 세운 납도리 오량가로 홑처마 팔작지붕을 이루고 있다. 안채와 사랑채는 겹처마이며 전면은 굴도리이나 후면은 납도리이고 전·후면 모두 소로 받침을 하고 있다.

사랑채는 정면 4칸, 측면 2칸인데, 서 측면 뒤로 침방 1칸을 달아내어 전체적으로 ㄴ자형 평면을 이루었다. 별채는 ㄱ자형 평면을 하였고, 홑처마의 건물로 남쪽에 면한 곳은 맞배지붕이고, 동쪽은 팔작지붕이다. 현재 전면에 툇마루가 있는 대청 1칸을 중심으로 우측에 방 1칸, 좌측에 안방·부엌·광으로 구성되었다.

사당은 정면 2칸, 측면 1칸 반 크기로 전면 툇간은 봉당이고, 좌우 벽은 벽돌로 쌓아 장식하였다. 외벌대 기단 위에 세운 납도리 홑처마 맞배지붕 건물이다.

현재 명원민속관은 학생들을 위한 교양 수업으로 다례와 연관 학과들이 자체적으로 진행하는 건축수업이 주로 진행된다. 이 외에도 가끔 전통문화 행사를 개최하며, 유치원생, 중·고등학생들을 위한 전통 건축 및 다례 체험공간으로 일반인에게도 항상 열려 있다. 한규설가옥이 해체되어 사라질 위기에 있던 한옥을 되살린 한 사람의 노력에 감사한 마음이다.

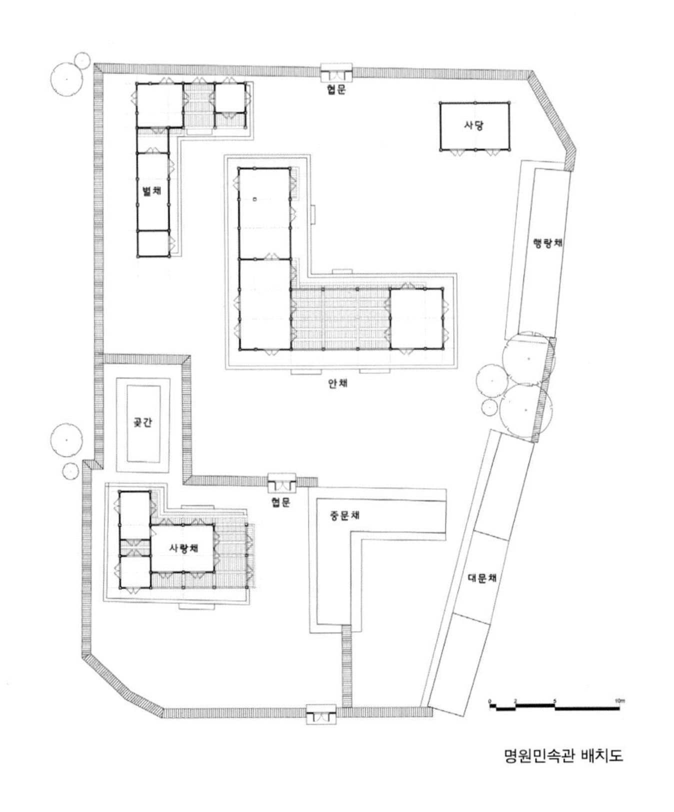

명원민속관 배치도

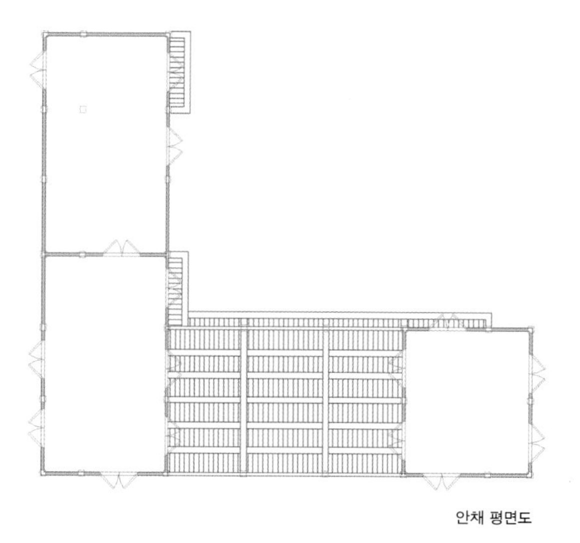
안채 평면도

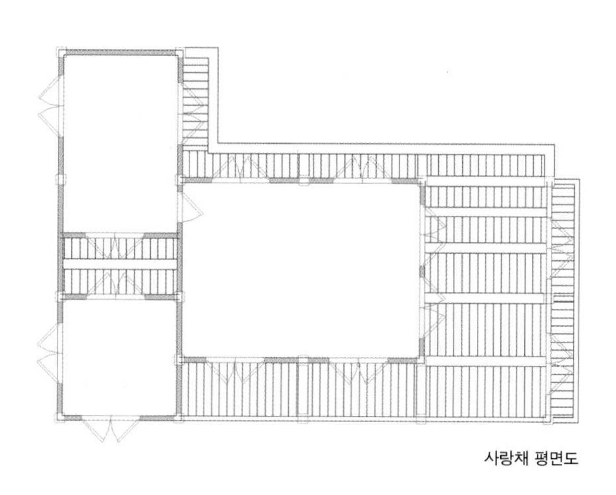
사랑채 평면도

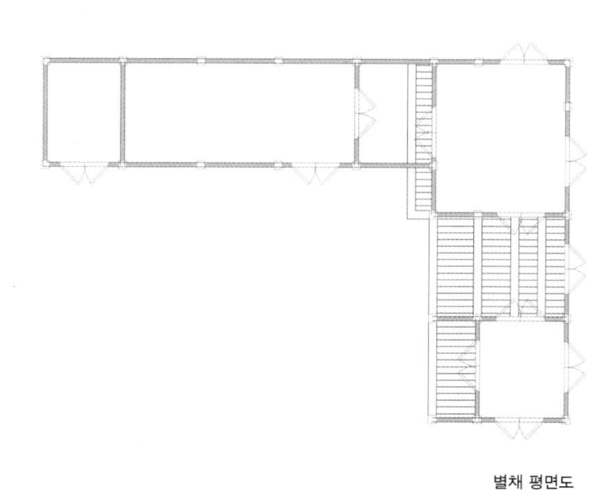
별채 평면도

1 안채의 후면 모습. ㄴ자형 평면으로 정면 6칸, 측면 2칸 규모이고, ㄴ자를 이루는 측면은 정면 4칸, 측면 1칸 반 규모이다.
2 사랑채는 정면 4칸, 측면 2칸인데, 서 측면 뒤로 침방 1칸을 달아내어 전체적으로 ㄴ자형 평면을 이루었다.
3 별채는 ㄱ자형 평면을 하고 전면에 툇마루가 있는 대청 1칸을 중심으로 우측에 방 1칸, 좌측에 안방 · 부엌 · 광으로 구성되었다.

1 미서기문을 네 겹으로 하여 한쪽으로 열어젖히면 툇마루와 방이 하나의 공간이 된다.
2 기본적인 가구와 방석, 서안, 보료, 안석, 사방침, 장침이다.
3 툇마루의 머름 위로 네 짝의 세살분합문. 능력이 있는 장인의 솜씨가 느껴진다.
한지를 통해 들어오는 빛이 은은한다.
4 대청마루와 연등천장 사이 시원하게 트인 공간. 명원다헌이란 편액과 뒤주가 보인다.
5 툇간에도 문을 달아 완전한 내부공간으로 이용하도록 했다. 이동통로 역할과
공간으로 이용도 가능하다.

1 왼쪽 부엌에는 판벽 사이로 우리판문을 설치하고 위에는 광창을 내었다.
오른쪽은 머름 위로 두 짝의 세살분합문과 네 짝의 세살청판분합문으로 했다.
2 명원민속관 입구의 모습. 소나무가 의젓하게 자리 잡고 행랑채와 솟을대문이
일직선으로 보인다. 벽은 화방벽이다.
3 소로 받침을 한 겹처마 밑으로 널판문과 광창이 좌우 대칭의 안정감과 균형을 보여주고 있다.
4 부뚜막 위에 쇠솥이 걸려 있다. 아궁이에 불을 땔 대 사용하던 풍로도 보이고 찬장 위에는
환기와 채광을 위한 세로살 불박이창이 설치되어 있다.
5 처마선과 지붕선이 만나고 지붕과 지붕이 만나는 곳에 전축굴뚝이 자리하고 있다.
6 중문간 행랑채 사이의 중문은 왼쪽은 사랑채로 오른쪽은 안채로 연결된 문이다.
7 안채와 사랑채 사이의 협문이다. 마당을 분할하고 여성과 남성의 공간을 나누는 역할도 한다.
8 연등천장의 서까래 사이를 회벽으로 마무리했다. 색의 대비가 돋보인다.
천장구조가 복잡해 보이나 질서정연한 구성이다.

문화
공간
08

사람이 곧 하늘이다

동학교당東學敎堂

경북
상주시 은척면
우기리 728

중심적인 역할을 하는 마당은 ㅁ자형으로 건물의 중앙을 넓게 만들어서 모두 모이는 장소로 활용할 수 있도록 한 소통을 중요시 한 건물배치다.

동학의 자연관과 우주관

사방이 산으로 둘러싸인 넓은 분지의 평지마을에 있는 동학의 교당이다. 동학은 조선시대 봉건적인 신분제도에 반기를 들고 인간의 주체성과 만인의 평등사상을 내세운 우리나라의 자생 민족종교이다. 사람은 스스로 주인이며 누구에게도 종속될 수 없다는 사상으로 사람 위에 사람 없고, 사람 밑에 사람 없다는 너무나 당연한 선언이자 엄숙한 진리를 이 세상에 세우고자 했다. 만민평등사상의 창시자는 수운 최제우이고 2대 교주 해월 최시형으로 이어지며 주 사상은 '인내천人乃天'이었다. 사람이 곧 하늘이라는 인간의 권리장전 같은 것이었다. 신분제도라는 틀 안에서 한 치 밖도 내다보지 않으려는 절대 권력자인 왕이나 신분제도의 틀 안에서 보호받는 양반들로서는 불안한 요소였다. 신분제도를 떠나 왕권의 몰락까지 바라본 새로운 사상이었기 때문이다. 조선조정에서 세상을 어지럽히고 백성을 혼란에 빠지게 하는 죄로 탄압했다. 동학은 이에 대항하여 탐관오리의 숙청과 보국안민을 내세워 전봉준이 주도한 1894년 동학농민혁명의 주체가 되었다. 조선은 이미 기울어가는 나라였다. 조선조정은 일본군에게 진압을 요청했다. 일본군의 개입으로 우금치전투에서 패하고 나서는 지하에서 숨어 활동하였다.

소통을 중요시 한 건물배치

동학교당은 현 소유자의 부친 김주희가 1915년에 이곳에 본거지를 정하고 1924년에 지었다. 동·서·남·북재 4동의 건물이 사방에 배치되었고 곳간채는 왼쪽 뒤편에 있다. 중심 건물인 북재는 성화실, 사랑채인 동재는 접주실, 안사랑채인 서재는 남녀교도가 각각 반씩 사용하였으며, 행랑채인 남재는 남자교도가 사용하였다. 동학교당은 전국에서 유일하게 동학과 관련된 본부 건물로 유물을 보존하고 있고, 건물형식은 튼 ㅁ자형으로 이를 태극체라고 한다. 현재 지방문화재 민속자료 제120호로 지정되어 있다.

건물에 쓰인 목재는 당시 교세의 영세성을 입증하듯 여러 곳에서 헌 집을 헐어 세운 것으로 보인다. 동학교당은 원채인 북재와 남재를 연결하는 주축선과 동·서재를 연결하는 부축선이 직교하는 기하학적 대칭형으로 배치하였다. 남재와 전면 골목 사이에는 넓은 마당이 형성되어 있어 교도들의 출입과 말을 타고 내리기 쉽게 하였으며 교도들의 만남의 장소 역할을 수행하기도 했다. 또한, 제의나 집회준비를 하기 위한 공간으로서의 역할도 했다. 중심적인 구실을 하는 마당을 ㅁ자형으로 건물의 중앙을 넓게 만들어서 모두 모이는 장소로 활용할 수 있도록 소통을 중요시 한 건물배치를 했다.

중심건물인 원채는 정면 3칸, 측면 2칸의 겹집으로 왼쪽 칸과 중앙 칸에 전후 각각 부엌과 온돌방을 두었다. 이 온돌방은 성채실, 예배실로 쓰고 있다. 동재는 정면 5칸, 측면 1칸 반으로 가운데에 교주 김주희가 거처하던 온돌방에 접주실을 두고 그 북쪽으로 1칸 마루와 응접실이 있다. 서재는 남녀 교우가 거처하던 집으로 정면 4칸 반, 측면 2칸의 겹집으로 여자 교우실과 남자 교우실의 맞은편에는 각각 정면 2칸, 측면 반 칸의 툇마루가 90도 틀어져서 시설되어 있다. 남재는 정면 6칸, 측면 1칸 반의 건물로 주로 부교주와 타지에서 온 남자교도들이 기거했다. 그 밖에 광을 비롯한 부속건물이 있다.

출입의 세속적인 타협

동학교당 출입은 당시의 남녀유별에 따라 남자교도는 남재의 대문을, 여자교도는 서재 뒤편에 있는 후문과 협문을 통하여 교당으로 출입하였다. 만민평등을 이야기하면서도 세속적인 것들과의 마찰을 피하려는 방편이었으리라 믿어진다. 이는 사회 전반에 남아 있던 남녀유별이라는 윤리관에 의한 시대적 한계이기도 하다. 동학교당은 동학의 자연관과 우주관이 그대로 반영된 성스러운 공간으로 정신적인 중심이면서 장소로서의 중심지로 자리하고 있다.

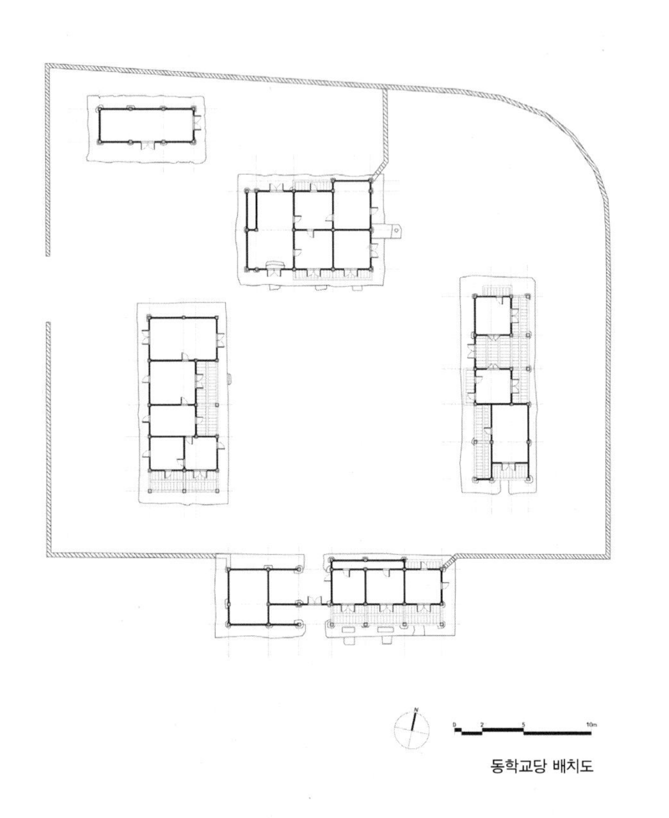

동학교당 배치도

1

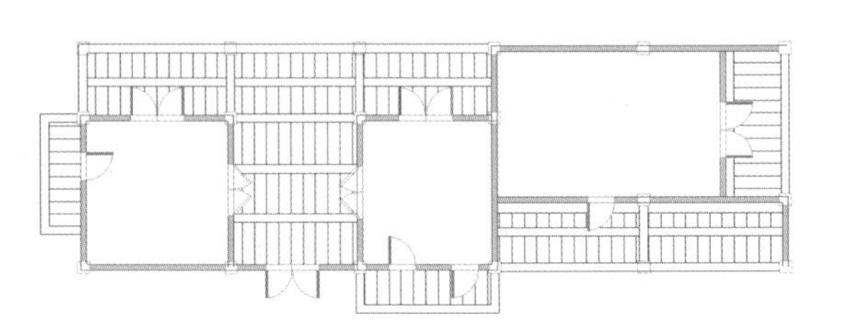

동재 평면도

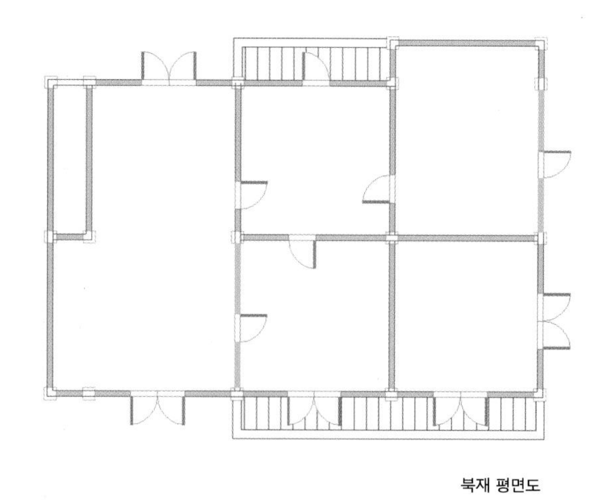

북재 평면도

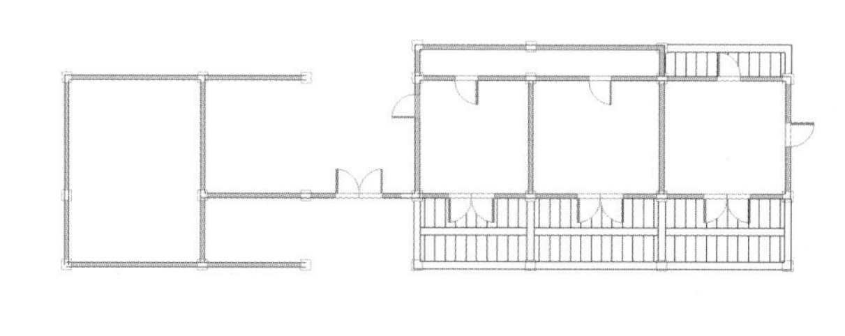

남재 평면도

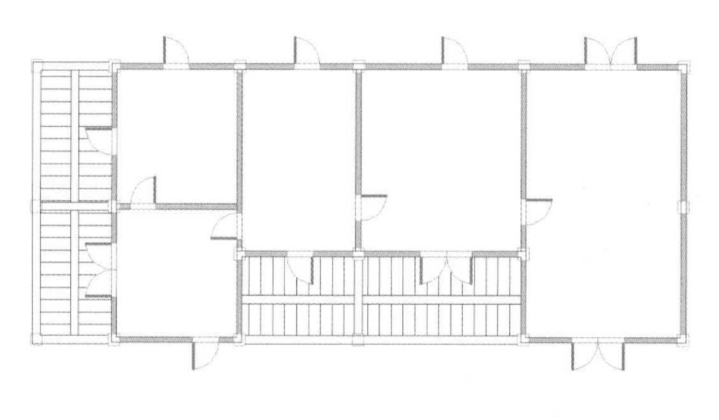

서재 평면도

1 동재는 정면 5칸, 측면 1칸 반으로 가운데에 교주 김주희가 거처하던 온돌방에 접주실을 두고
그 북쪽으로 1칸 마루와 응접실이 있다.
2 중심건물인 북재는 정면 3칸, 측면 2칸의 겹집으로 왼쪽 칸과 중앙 칸에 전후 각각 부엌과 온돌방을 두었다.
초가에 비해 크게 느껴지는 토축굴뚝과 오른쪽으로 장독대와 사당이 보인다.
3 행랑채인 남재는 정면 6칸, 측면 1칸 반의 건물로 주로 부교주와 타지에서 온 남자 교도들이 기거했다.
4 흙과 막돌로 만든 토석담에 볏짚이엉을 씌운 모습과 사다리꼴의 초가지붕이 토속적인 풍경을 보인다.

1 동학교당은 원채인 북재와 남재를 연결하는 주축선과
동재와 서재를 연결하는 부축선이 직교하는 기하학적 대칭형으로 배치하였다.
2 3평주 삼량가의 소박한 민도리집으로 대청마루 옆으로 접주실을 배치했다.
3 행랑채인 남재南齋의 현판을 삼성경재三省敬齋라 했다.
4 낮은 토석담 위로 큰 나무가 넘보고 있다.
안과 밖이 허리춤 위에서는 크게 통하는 하나의 세계다.
5 밖에서 안이 보이지 않도록 내·외담을 쌓았다.
담장 밑에 화초를 심어 경계의 눈초리를 안정시켜 준다.

1 낮은 토석담에 기대어선 일각문과 지붕이
색다른 기쁨을 준다. 당시의 남녀유별에 따라 여자교도는
서재 뒤편에 있는 협문을 통하여 교당으로 출입하였다.
2 배목과 문고리 주위를 장식한 쇠로 만든 문양이다.
기하학적이면서도 중심을 향하여 집중되고 있어 종교적인
문양으로 보인다.
3 툇간을 가로지른 툇보에 교세의 영세성을 입증하듯 헌 집을
헐어 지은 흔적이 보인다.
4 외벌대 기단에 정면 3칸 규모의 맞배지붕 사당으로 측면에는
비바람을 막기 위해 풍판을 설치했다.
5 볏짚을 얹은 토석담이다.

문화
공간
09

예술인의 발자취가 남아 있는

수덕여관

충남
예산군 덕산면
사천리 산41

기단을 높게 쌓고 계단을 통해 올라가도록 지어졌으며,
전면의 툇간을 누마루로 연결해 정자와 같은 모습을 하고 있다.

화가 나혜석과 시인 일엽스님 그리고 이응로 화백의 사연이 남아 있는 수덕여관

산이 소쿠리 모양으로 둘러싸인 수덕사의 일주문 옆에 자리 잡은 수덕여관은 ㄷ자형 초가집으로 이응로 화백의 집이기도 했다. 기단을 쌓고 계단을 통하여 올라가도록 지어져 있으며, 전면의 툇간을 누마루로 연결해 정자와 같은 모습을 하고 있다. 담도 없고 경계도 없는 집이다. 수덕여관과 부인을 버리고 떠난 사람, 암각화가 새겨진 바위처럼 그 떠난 사람을 그리워하며 수절한 사람이 수덕여관을 지키기도 했고, 여성해방을 부르짖은 사람이 머물기도 했던 사연이 얽히고 설킨 집이 바로 수덕여관이다.

수덕여관은 건축물보다 수덕여관에 묵었던 사람들의 이야기가 간절하고 애달프다. 삶은 술술 풀리는 실타래가 되기도 하지만, 한 번 꼬이면 죽을 때까지 안타까워하면서 풀지 못하는 숙제가 되고 말기도 한다. 수덕여관은 우리나라 신여성을 대표하는 일엽스님과 나혜석 화가의 이야기를 전한다. 60년대 '청춘을 불사르고'의 저자인 여류시인 김일엽은 속세를 떠나 수덕사 환희대에서 머리를 깎고 불가에 귀의하면서 '글 또한 망상의 근원이다.'라는 만공스님의 질타를 받고 절필했다. 일엽스님으로 새로운 인생을 살고 있었다.

김일엽에게 "현실 도피의 수단으로 종교를 이용해서는 안 된다."라며 만류했던 친구인 화가 나혜석이 찾아왔다. "너처럼 중이 되겠다."라는 나혜석의 말에 거듭된 일엽스님의 만류에도 가볍게 결정한 것이 아니라는 간곡한 부탁에 만공스님을 만나게 해주었으나, "임자는 중노릇할 사람이 아니야."라고 한마디로 거절을 당했다. 나혜석은 고집을 꺾지 않고 수덕여관에 머물며 5년 동안이나 기다렸으나 만공스님의 승낙은 없었다.

충남 홍성출신으로 해강 김규진 문하에서 그림공부를 하던 청년 이응로에게는 파리에서 그림공부를 하고 돌아온 나혜석이 둘도 없는 선배이자 스승이므로 그녀를 만나려고 자주 수덕여관을 찾다가 아예 같이 기숙하게 된다. 그러나 두 사람 사이에는 누나 같은 스승이자 선배화가일 뿐 애정관계는 아니었다지만 결과적으로 이응로에게 파리의 환상을 심어주게 된다. 수덕여관에 정이 들은 이응로는 1944년 나혜석이 이곳을 떠나자 수덕여관을 인수한 다음 부인에게 운영을 맡겨 6 · 25 때에는 피난처로 이용하는 등 6년 동안 거주하면서 수덕사 풍광을 화폭에 싣는다. 나혜석에게 들은 파리생활과 그림이야기를 동경하던 이응로는 1958년 드디어 부인을 남겨두고 21세 연하의 박인경을 데리고 파리로 떠난다. 미련 없이 떠나버린 두 사람과는 달리 박귀옥 여사는 변치 않는 애정과 절개로 이국땅의 남편을 그리고 수덕여관을 지킨다.

나혜석은 마곡사에서 잠시 머물다 적응하지 못하고 뛰쳐나와 전국을 떠돌다가 청운 양로원에서 기거하던 나혜석은 길거리를 헤매다 서울시립병원 무연고자 병동에서 1948년 12월에 눈을 감았다.

1 수덕여관은 수덕사의 일주문 옆에 자리 잡은 ㄷ자형의 초가집이다.
2 수덕여관은 동양미술의 우수성을 세계 속에 드높인
고암 이응로 화백이 작품 활동을 하던 곳이다. 이응로 화백이 1944년 사들여
1959년 프랑스로 가기 전까지 거처하였다.
3 여관이란 이름답게 여닫이 세살청판문이 줄지어 있다.
방마다 사연도 많고 곡절도 많았던 사람들이 묵어갔던 곳이다.

1 만수무강. 차를 마시고 독서와 사유의 공간인 실내에 빛이 슬며시 스며들었다.
2 기와와 흙으로 하단을 쌓고 그 위에 항아리와 도기를 쌓아 멋지게 마무리 한 옹기굴뚝이다.
3 수덕여관의 뒤편 담. 대나무에 바지랑대를 대여 만들었다.

모든 걸 다 주고 사랑한 사람, 박귀옥

이응로의 본처인 박귀옥은 외로운 시절을 보내고 있다가 뜻하지 않은 동백림사건으로 1968년 이 화백이 교도소에 갇히자, 한결같은 지극정성으로 이 화백의 옥바라지를 한다. 출소 후 얼마 되지 않아 이 화백은 파리로 또 훌쩍 떠나버리고 나서 1992년 귀국전시를 앞두고 파리에서 눈을 감는다. 장례식에도 가 볼 수 없는 박귀옥은 마지막 소원으로 이응로 화백의 유골이라도 돌려받아 자신이 죽으면 함께 묻히고 싶어 하지만, 박귀옥은 이응로 화백이 파리로 떠날 때 출세 길에 지장이 될까 봐 이혼수속을 허락해 주었다. 모든 걸 다 주고 사랑한 사람이었다. 하지만, 다 주어서 법적으로는 아무것도 주장할 수 없는 남이었다. 한 사람을 사랑하고 한 사람을 위해 인생 전체를 기다림으로 살아온 수덕여관 주인인 박귀옥은 2001년 초 92세를 일기로 눈을 감는다.

지금은 '수덕사 선 미술관'으로 바뀌었다. 주인을 잃은 집이 관리되지 않아 무너져가는 것을 수덕사에서 인수하여 미술관을 열었다. 역사적인 사건이 아닌 개인의 인생사가 수덕여관에는 남아있다. 사연이 아프고 벅차고 시리다. 우리나라의 근대기의 인물들이 이곳에 인생이 벅차고 힘겨운 것임을 보여주는 이야기가 남아있다. 예술인들의 발자취가 남아있는 수덕여관은 여관의 역사적 가치를 인정한 충청남도에 의해 1989년 도道지정 문화재기념물 103호로 지정되었다. 한국내셔널트러스트는 2005년 12월 수덕여관을 '보존해야 할 자연문화유산'으로 선정하기도 했다.

1 온고지신. 완자살 미닫이문이 단순하면서도 멋을 들여놓았다.
큰 사각 틀 안에 꽃을 넣어 사계절이 향기롭다.
2 홑처마 민도리집으로 평난간과 서까래에 묶은 연죽과 고사새끼가
모두 새 옷을 입었다. 이 화백이 문자체로 화강암 바위에 온갖 사물과
현상의 성함과 쇠퇴함을 추상화로 표현한 작품이 보인다.
3 삼배목이 위에 달려서 밀어 연 다음 지겟목을 받쳐 놓는다.
지겟목을 빼면 벼락같이 닫힌다고 하여 벼락닫이창이다.
4 오량가에서 종도리가 없는 평사량가이다.
5 수덕사 선 미술관 현판으로 새로 지은 건물인 걸 한눈에 알 수 있다.
수덕여관의 시대는 가고 미술관이 되었다.
6 받침을 국화정으로 한 배목과 단환의 문고리 옆에 단풍이 곱게 물들었다.
7 한옥에 어울리는 등이다.

修德寺禪美術館

문화
공간
10

동화 속에서 살다간 화가의 집

장욱진가옥張旭鎭家屋

경기
용인시 기흥구
마북동 238

마당에 키 작은 탑이 보이고 전형적인 전통가옥답게 마당은 비어 있다.
담들이 키 높이로 모습이 안정되어 보인다.

어른이 되어서도 동화 속에서 살다간 화가 장욱진의 집

예술가가 살다간 흔적과 작품세계를 만날 수 있으며 전통가옥으로서의 보존 가치가 있는 장욱진 화백의 집이다. 문화재청은 "장욱진 화백의 삶과 작품세계를 이해하는 데 중요하고 조선 말기 경기도 민가의 전형을 보여준다."라는 점에서 이 집을 문화재로 등록하기로 했다고 발표했다. 장욱진은 세속도시에서 아이처럼 꿈을 꾸고 동화의 나라에서 나오지 않고 결국 동화 속에서 죽은 사람이었다. 장욱진 화백은 같은 시대를 산 다른 화가들에 비해 행복한 화가였다. 그림의 세계로 안내한 아이 같은 상상력과 천진함이 그러한 인생을 만들었을지도 모른다. 그림을 천직으로 알고 우리의 근현대사와 함께 고민하고 갈등하며 본인의 작품세계를 구축한 작가로 생애 전반을 우리의 전통을 현대에 접목한 세계를 창조하는 조형적 가능성을 그림으로 표현했다. 작품들에 등장하는 소재들이 극히 한국적이다. 까치, 소, 개, 나무, 집, 가족, 해, 달, 산, 호랑이, 학 등으로 우리의 심성에 머무르고 전해 내려져 온 것들이다. 일상적이고 보편적인 도상들은 장욱진이라는 작가의 독자적인 상상력의 날개를 단 표현을 통해 순수함과 착함의 표상으로서 나타난다.

장욱진 화백의 그림세계는 따듯하고 넉넉하며 꿈꾸는 세계를 그려낸 듯하다. 장욱진 화백의 생애는 아늑해서 아내와 가족은 물론 장욱진을 사랑하는 제자, 친구, 많은 지인이 곁에 있었다. 시대를 앞서 간 우리나라 초기의 서양화가에게 주어진 행복이었다. 서양화가가 살다간 집은 뜻밖에 가장 한국적인 전통을 그대로 이어받은 한옥이다. 그림의 소재가 한국적이었듯이 장욱진 화백이 살다간 집은 한옥이다.

장욱진 가옥은 장욱진 화백이 1986년부터 73세로 타계할 때까지 거주하면서 왕성한 작품 활동을 한 산실로서 $2,103m^2$의 대지에 한옥과 그가 직접 설계하고 지은 양옥 등이 있다. 한옥은 안채와 사랑채, 광채로 구성되어 있다. 장욱진 화백은 복잡하고 도회적인 서울을 싫어하여 말년에 용인에 정착하고 안정된 환경에서 그림을 그리다 이 집에서 생을 마쳤다. 장욱진 화백은 집에 대해 관심이 있었고 또한 애정을 보였다. 가족주의적인 면을 찾아볼 수 있는 면이다. 작품에서도 집은 중요한 소재와 상징으로 나타난다. 장욱진 화백이 살았던 집이 바로 작품 세계로 연결되어 작품으로 남아 있다.

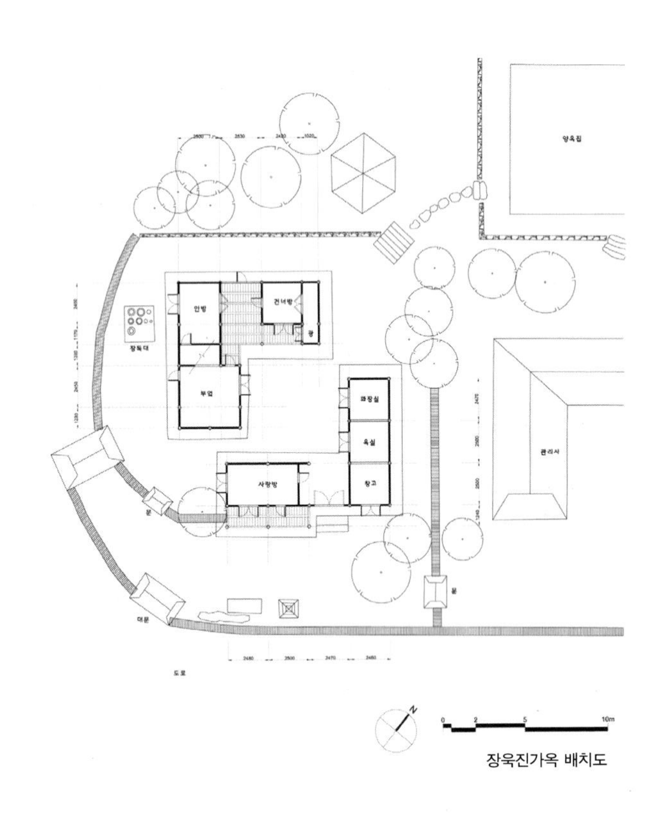

장욱진가옥 배치도

1 기둥을 사선으로 빗대고 눈꼽재기창을 단 기하학적 예술작품이다. 나무의 굵기가 다르고 직선으로 연결하지 않은 목재가 나름의 멋을 가지고 있다.
2 전형적인 경기도의 중농의 집이지만, 재목으로 보아 그리 넉넉한 가세는 아니었을 것으로 보인다. 목재가 휘어지거나 굵고 가늘어 예술가의 집답게 비정형을 이룬다.
3 사랑채로 정면 2칸, 측면 한 칸 반의 전퇴가 있는 홑처마 팔작지붕이다.
4 안채, 사랑채, 광채가 ㅁ자형의 중부지방의 전형적인 가옥구조이다.
5 대청마루에 툇마루를 덧붙여 부엌과 건넌방을 이동하기 쉽게 했다.
6 사랑채와 광채 사이로 중문을 설치하고 자연석인 기단이나 계단은 모두 크기와 모양이 달라 더욱 자연스럽다.
7 풍경 안에 풍경이 가득하다. 소나무와 탑이 마당가에 서 있다. 문을 열면 풍경이 바로 찾아온다.

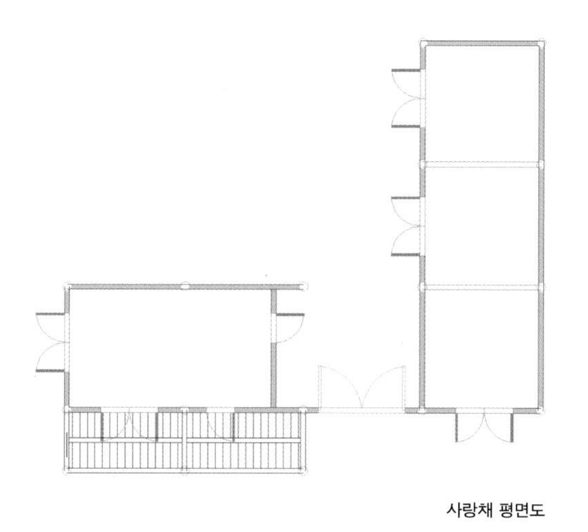

사랑채 평면도

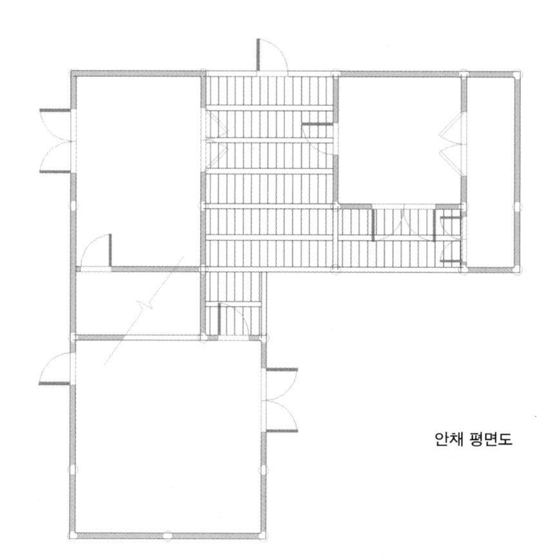

안채 평면도

도심 속의 품격 있는 문화유산

장욱진 가옥은 용인시 일대의 개발 분위기 속에서도 유족과 시민단체 등의 노력으로 헐리지 않고 도심 속의 품격 있는 문화유산으로 남아 다행이다. 대청 종도리에 있는 상량문에 따르면 1884년에 지어진 집으로 130여 년이 된 집이다. 경기도 특유의 중농의 ㅁ자형 집으로 구성되어 있으며 처음에는 초가였던 것을 슬레이트로 고쳤다가 지금의 모습인 기와집으로 변모했다. 사랑채는 화실로 사용하였으며 화가의 마음결이 잘 나타난다. 전시실이라고 쓰여 있는 곳은 광과 외양간이었던 곳을 고쳐서 만들었다. 이곳에는 장욱진 화백의 사진과 작품이 걸려 있다. 장욱진 화백의 주된 작업실은 사랑채였지만 안채에서도 작업 활동을 했다. 안채는 안방, 건넌방, 부엌으로 되어 있는 ㄱ자형의 한옥으로 한 칸짜리 건넌방이 장욱진 화백의 주된 작업실이었다.

장욱진 화백은 우리나라 서양화가 1세대로 이중섭, 박수근과 함께 한국 근·현대 화단에 커다란 발자취를 남겼으며, 1986년부터 타계할 때까지 이곳에서 4년간 살았다. 1985년에 장욱진이 집에 들어왔을 때 쇠락하고 변형되어 있던 원형을 되찾기 위하여 대대적인 수리를 했다. 뒤뜰에는 조그만 초당 관어당이 있다. '연못의 물고기를 바라보는 오두막'이라는 뜻인 초가지붕의 정자에 걸려 있는 글씨는 국어학자 이승희 박사가 지어준 이름을 장욱진 화백이 상형문자로 직접 그려 놓았다. 생전에 부인과 나란히 앉았던 정자다.

1 석축 위에 잘 다듬어진 토석담과 우진각지붕을 한 사주문이 보인다.
2 뒤뜰에 있는 조그만 초당인 관어당. '연못의 물고기를 바라보는 오두막'이라는 뜻이다.
3 마당가의 소나무가 푸르고 작은 석탑이 한가로워 보인다. 예술가의 집답게 꾸밈도 예사롭지 않다.
4 중문을 통해서 들여다본 안채의 모습이 보인다. 꽃이 피어 예술가의 집을밝혀주고 있다.

2

5

6

1 연등천장으로 종도리에 있는 상량문에 따르면 1884년에 지어진 집으로 130여 년이 된 집이다.
2 비스듬한 기둥에 기대어 널판문인 부엌문이 제멋에 서 있다.
3 서까래가 추녀 옆에 엇비슷하게 붙는 마족연으로 서까래 사이를 회벽으로 마감해서 깔끔한 느낌이다.
3 관어당 편액의 글씨는 국어학자 이승희 박사가 지어준 이름을 장욱진 화백이 상형문자로 직접 그려 놓았다.
4 장욱진 화백은 "삶이란 소모하는 것이다. 나는 내게 주어진 것을 다 쓰고 가야겠다."라고 했다.
동양적 감수성을 기반으로 자연과 우주의 원리를 표현한 작품을 만들었다.
5,6 장욱진 화백은 인물, 달, 집 등의 소재의 형태를 기하학적으로 도형화하고 있다.
함축적이고 시정적인 분위기를 강하게 표출한다. 나무, 까치, 집, 물고기, 아이, 가족, 시골, 단순함을 좋아했다.
7 자연석계단 옆에 서 있는 석상이 천진스럽고 토속미를 물씬 풍긴다.
서양화가지만 가장 한국적인 토속을 찾아 그린 장욱진 화백의 작품세계와 닮아 있는 듯하다.

문화
공간
11

한일정상회담을 기념한 한국정원

아타미바이엔한국정원

熱海梅園韓國庭園 ATAMI KOREAN PARK

아타미는 일본 동경역에서 신칸센으로 약 40분 정도 남쪽으로 달리면 도착하는, 이즈반도에 있는 조그만 온천휴양도시이다. 우리말로 '열해熱海'라는 도시 이름에서 알 수 있듯이 바닷가에 면해 있어 풍광이 뛰어난데다 온천의 수질도 좋아 50년 전만 하더라도 일본에서 손꼽히는 신혼여행지였다고 한다. 도쿠가와 막부에서 여기의 온천물을 날라다 동경에서 온천을 즐겼다는 이야기가 전해진다.

아타미 한국정원은 2000년 9월 김대중 대통령과 당시 모리 총리가 한일정상회담을 아타미에서 열었던 것을 기념하는 것이다. 정상회담 후 양국 정상이 이곳의 바이엔이라는 공원을 거닐며 환담하였던 것을 기려 아타미시에서 공원 내에 한국의 전통문화를 소개할 수 있는 건축과 정원을 마련한 것이다. 그간 일본에 한국 전통건축이 전혀 소개되지 않은 것은 아니었지만, 그것은 대부분 한국의 지방자치단체에서 기증하는 형식의 것이었다. 이렇게 보면 아타미한국정원은 일본 자치단체가 자기네들 돈으로 한국 전통문화를 소개하는 기념관을 지었다는 점에서 색다른 것이라고 할 수 있다.

내가 일본에 세워지는 한국 전통건축과 정원의 설계작업에 참여하게 된 것은 토다 요시키라는, 아타미시로부터 한국정원의 설계를 의뢰받은 일본 조경가가 한국 전통건축을 설계해 줄 동반자를 찾으러 부산으로 오면서부터이다. 연전에 경기도에서 요코하마 삼지원三池苑 공원에 한국 전통주택과 정원을 만들어 기증한 적이 있는데, 이때 이 분이 일본 측 조경가로서 참여한 경험이 있어 일본조원학회의 추천에 의해 아타미 프로젝트의 총책임자로 선정된 것이었다. 마침 부산에 이 분과 친분이 있는 조경가가 한 분 계셨고, 이 분-부산환경의 변문기소장-이 나를 토다 요시키 선생에게 소개함으로써 이 프로젝트가 시작되었다. 후에 안 일이지만 토다 선생은 일본에서도 손꼽히는 조경가로서, 일본의 현대 조경 수준이 건축만큼이나 상당하다는 것을 알게 된 것도 이 분의 작품집을 보고 나서이다.

글_ (주)시반건축사사무소 안성호 대표

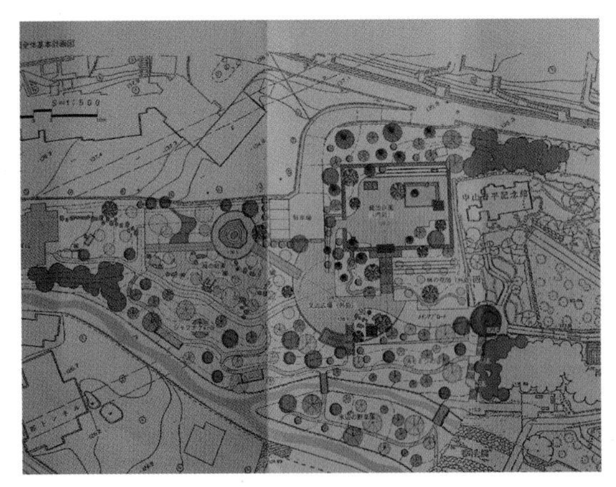
토다의 원 배치도

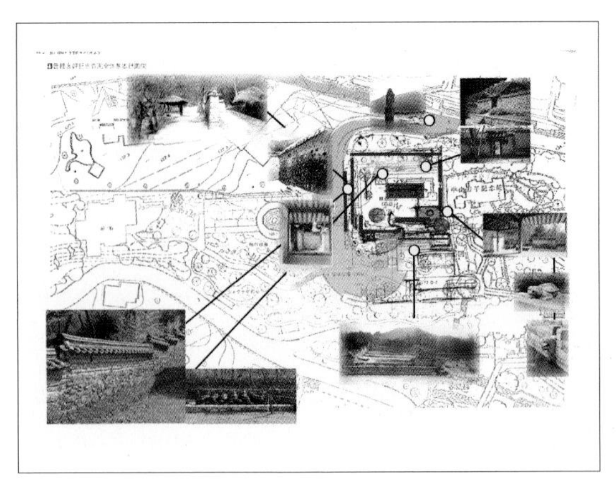
배치개념 제안 이미지

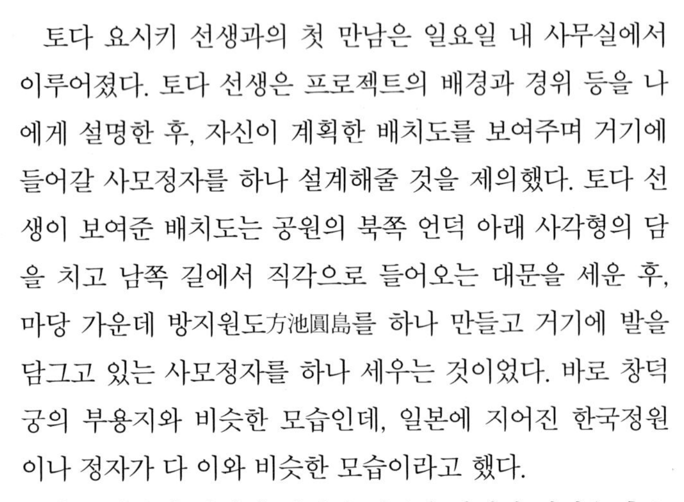

토다 요시키 선생과의 첫 만남은 일요일 내 사무실에서 이루어졌다. 토다 선생은 프로젝트의 배경과 경위 등을 나에게 설명한 후, 자신이 계획한 배치도를 보여주며 거기에 들어갈 사모정자를 하나 설계해줄 것을 제의했다. 토다 선생이 보여준 배치도는 공원의 북쪽 언덕 아래 사각형의 담을 치고 남쪽 길에서 직각으로 들어오는 대문을 세운 후, 마당 가운데 방지원도方池圓島를 하나 만들고 거기에 발을 담그고 있는 사모정자를 하나 세우는 것이었다. 바로 창덕궁의 부용지와 비슷한 모습인데, 일본에 지어진 한국정원이나 정자가 다 이와 비슷한 모습이라고 했다.

나는 일본의 정원이 정해진 테두리 안에서 자연을 축소해 완결하는 것을 추구하는 것에 비하여 한국의 전통정원은 그 테두리를 넘어 자연과 하나가 되는 것이 특징인데, 제시된 안이 일본적인 정원개념에 정자만 한국식을 갖다 놓은 것이 되지 않을까 걱정스럽다고 이야기했다. 거기에다 아타미시에서는 장승이나 솟대 그리고 정원 안에 장독대 등도 같이 놓을 생각이라는데, 이런 것들이 부용지류의 정원과 어떻게 어울릴 것인지 상상하기 어려웠다. 그저 그렇고 그런 박제품이나 모형 같은 정원이 되어버리기 쉽다는 생각이었다.

대안으로 나는 조선시대 한국의 전통정원 중 선비들이 경영했던 별서정원을 추천했고, 장독대 등을 고려하면 정자보다 주택이 중심이 되어야 할 것을 제안했다. 생활공간이 없는 정원에 장독대를 둔다는 것이 또 하나의 박제품을 만드는 것 이상 무엇이겠느냐는 생각이었다. 그리고는 그 자리에서 토다 선생이 가지고 온 배치도 위에다 몇 개의 담을 세우고 주택과 정자를 새로 그려 넣었다. 일직선으로 치고 들어오게 되어 있던 진입부를 몇 개의 담을 돌아들어 오게 하고 주택을 정원의 중심에 두는 안이었다. 그리고 주택 앞의 담을 뚫어 그 모서리에 방지를 배치하였다.

이날 토다 선생과의 만남은 지금까지 경험하지 못했던 즐거운 것이었다. 비록 서로 말이 통하지 않았지만, 자기 생각을 종이에 그려 보여주고 다시 그것을 지우개로 지우고 다시 그려 보여주며 의견을 교환해나가는 과정은 유쾌하기 그지없는 것이었다.

아타미 한국정원의 기본스케치는 그렇게 결정되었다. 토다 선생은, 일본인인 자기로서는 담의 모서리를 터서 자연을 끌어들인다는 생각은 하기 어려운 것이라고 반색하였다. 토다 선생의 배치도는 완전히 바뀌었고 집이 추가되었고 담이 늘어났다. 내 스케치를 바라보고 있던 토다 선생이 갑자기 예산 문제를 걱정하기 시작했다. 이미 계획안을 아타미시에 보고했고 그에 따라 예산규모가 이미 결정되어 있다는 것이었다. 나로서는 아무런 할 말이 없는 사안이었다. 한동안 침묵과 함께 스케치를 바라보던 선생은 자기가 아타미시에 계획의 변경을 강력히 이야기하겠다며 스케치한 종이들을 주섬주섬 모아 호텔로 돌아갔다.

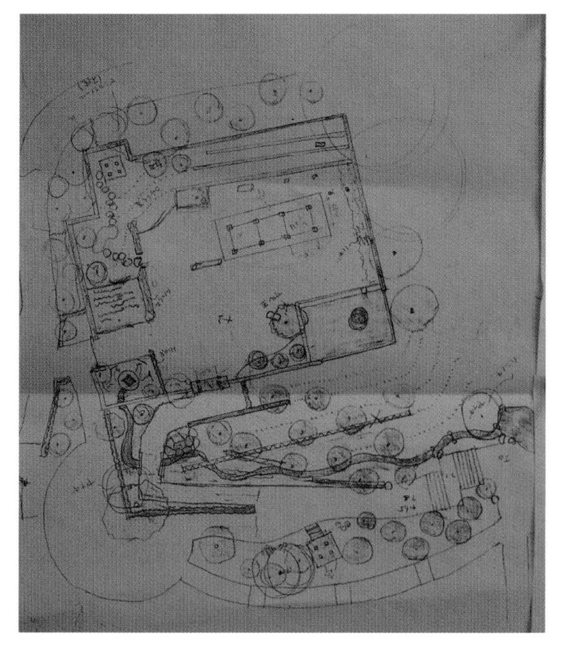

협의 후 배치안

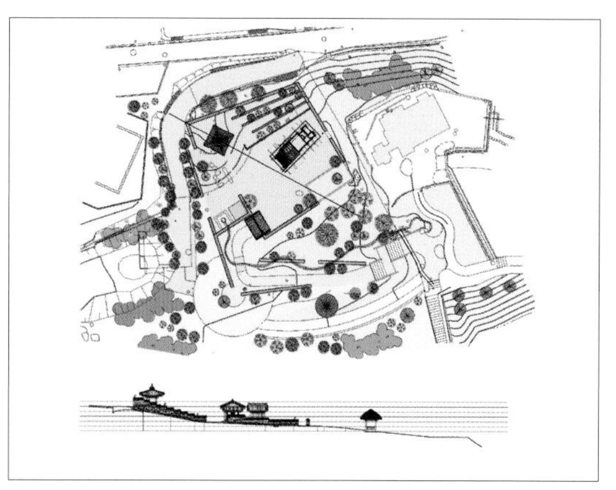

최종배치도

다음 날 아침 토다 선생은 새로 그린 도면을 나에게 조심스럽게 보여주었다. 내 의도와 다른 점이 없느냐는 것이었다. 어제같이 그린 스케치가 깨끗하게 정리되어 있었다. 호텔방에서 몇 번이고 다시 그린 모양이었다. 자기보다 10년 이상 어린 사람의, 그것도 처음 보는 사람의 디자인을 받아들여 자기 안을 스스로 수정한다는 것, 이런 건 아무나 할 수 있는 일이 아니다. 토다 선생은 나중에 자기의 전공이라 할 수 있는, 어떤 나무를 어느 위치에 심을 것인가 하는 문제까지 내 의견을 존중해 주었다.

아침 후 한국의 전통건축과 정원을 보고 싶다는 토다 선생의 요청에 의해 양동마을로 출발했다. 양동마을을 보고 난 후 독락당에 도착하자, 카메라 셔터 소리와 토다 선생의 발걸음이 갑자기 빨라지기 시작했다. 계정을 본 것이다. 원하던 선물을 받은 어린아이의 얼굴이었다. 계곡 너머, 산 위로, 좋은 사진을 찍기 위하여 혼자서 분주히 돌아다니기 시작했다. 그리고 이제 내 스케치가 말하는 것이 무엇인지 알겠으며, 이 사진들을 아타미시에 보여주면 계획안의 변경을 설득할 자신이 있다고 했다.

시간 여유가 있어 이 분이 소쇄원을 볼 수 있었다면 얼마나 좋아했을까.

그리고, 토다 선생은 계획안의 변경을 이끌어 내었다.

하지만, 예산은 이미 토다 선생의 원 배치도에 맞추어 결정되어 있었다. 주택을 최소규모로 이번에 짓는 대신 정자 두 채는 다음 예산으로 진행하기로 하였다. 처음부터 선비의 정신세계를 건축을 통하여 보여주고 싶었기 때문에 규모는 문제가 되지 않았다. 도면과 스케치가 인터넷을 통하여 왔다 갔다 하면서 계획을 결정해 나갔다. 기와 정자를 주택의 뒤쪽 높은 곳에 앉히고 싶다는 토다 선생의 의견에 따라 정자에서 집을 지나 방지에서 바깥으로 확산하는 시선 축을 기본개념으로 한 안이 마련되었다.

기본안이 마련된 후 집의 좌향을 결정하기 위하여 현장을 방문하게 되었다. 예상했던 대로 산의 풍광이 우리와 많이 달랐고, 무엇보다 집 앞 오른쪽에서 내려오는 산세가 버티었다. 집을 왼쪽으로 바짝 붙이고 좌향을 왼쪽으로 더 트는 것으로 수정할 것을 제안하였다. 동행했던 아타미시의 공무원에게 '좌향坐向'이니 '안대眼帶'니 하는 것을 더듬거리면서 설명했다. 이 공무원은 내가 이야기한 것을 확인하기 위하여 자비를 들여 한국을 다녀갔고, 나중에 공사가 진행되면서 아무리 사소한 사항의 결정이라도 일일이 나에게 물어보고 확인했다. 일본인들의 소위 직인정신이라는 것을 프로젝트를 진행하면서 곳곳에서 느낄 수 있었는데, 공무원이라 하여 그것이 다르지 않았다. 그나저나 공무원이 먼저 달려와서 건축가에게 인사하는 경험은 많은 것을 비교하게 하는 것이었다.

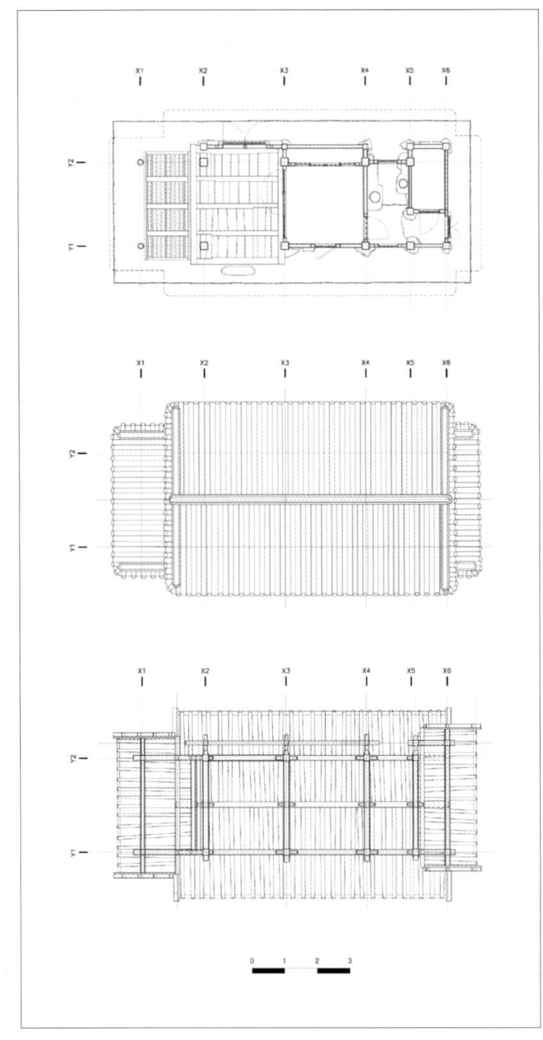
주택평면

주택을 설계하면서 가장 신경이 거슬렸던 것은 장독대의 존재이었다. 아타미시의 입장은 장독대가 일본인들에게 인기가 좋으므로 꼭 넣고 싶다는 것이었고, 나로서는 안 그래도 작은 집에 부엌까지 넣어야 한다는 것이 부담스러웠다. 그렇다고 부엌 없는 집에 장독대라는 것도 용납되지 않았다. 마루 1칸, 방 1칸 그리고 부엌 1칸으로 된 3칸 집을 단정하고 적절한 전례를 찾기 시작했다.

우선 도산서당, 청암정 그리고 다산초당이 떠올랐다. 이들을 새로이 답사하고 실측하면서 도산서당으로 모델을 압축하였다. 도산서당이 보여주고 있는 엄격함과 절제에 큰 감동을 하고 있던 터라, 일본에 소개하는 선비의 살림집으로 처음부터 염두에 두고 있었지만, 도산서당이 보여주고 있는 증축이라는 행위도 큰 이유였다. 요코하마에서 보았던 한국정원의 집이 갓 지은 티가 나 너무 기름지다고 느꼈었기에, 시간의 누적과 생활이 배어 나와 있는 집을 짓고 싶었다. 시간의 누적과 흐름을 도산서당에서 나타나는 증축이라는 행위를 통하여 표현할 수 있다고 생각했다. 게다가 도산서당을 모델로 선택하면 부엌과 장독대의 문제도 자연스럽게 해결되니 더욱 좋았다. 나중에 지어질 기와 정자에서의 시선 축이 살평상의 부섭지붕을 넘어 방지로 이어지도록 최종적으로 주택배치를 조정하였다. 도산서당을 모델로 하여 현장에 맞게 치수를 조정하고 가구법을 정리하는 것으로 나머지 작업은 비교적 수월하게 진행되었다.

일본 자치단체에 의해서 발주되는 공사라 일본의 건설업체에서 일괄도급을 받은 후, 토목과 조경부분의 공사는 일본 측에서 하고 대문과 주택만 한국 목수가 짓는 것으로 공사범위가 최종 조정되었다. 담장공사와 기단, 초석도 일본 측에서 하는 것으로 하였고, 주택과 대문은 한국에서 일차 치목한 후 일본으로 운송하여 현장에서 조립하는 것으로 하였다. 나무는 모두 한국 육송을 사용하는 것으로 하였다.

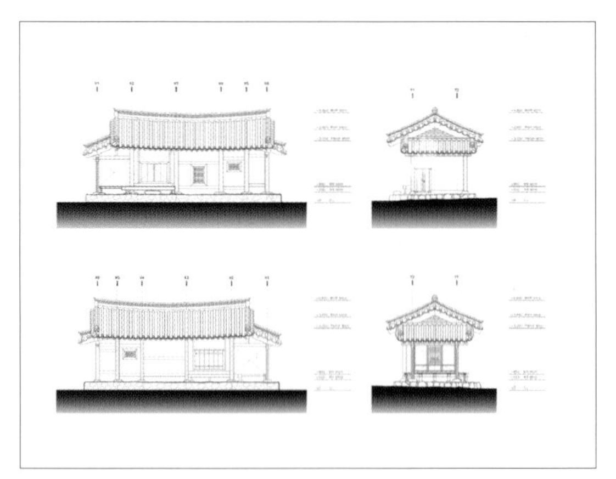
주택 입면,

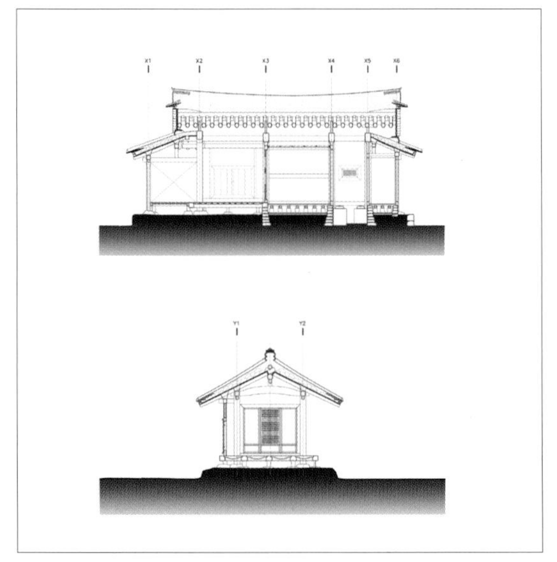
주택 단면

일본사람과 한국사람이 같이 한국정원을 만드는 것이다 보니 이런저런 예기치 않은 문제들이 생기기 시작했다.

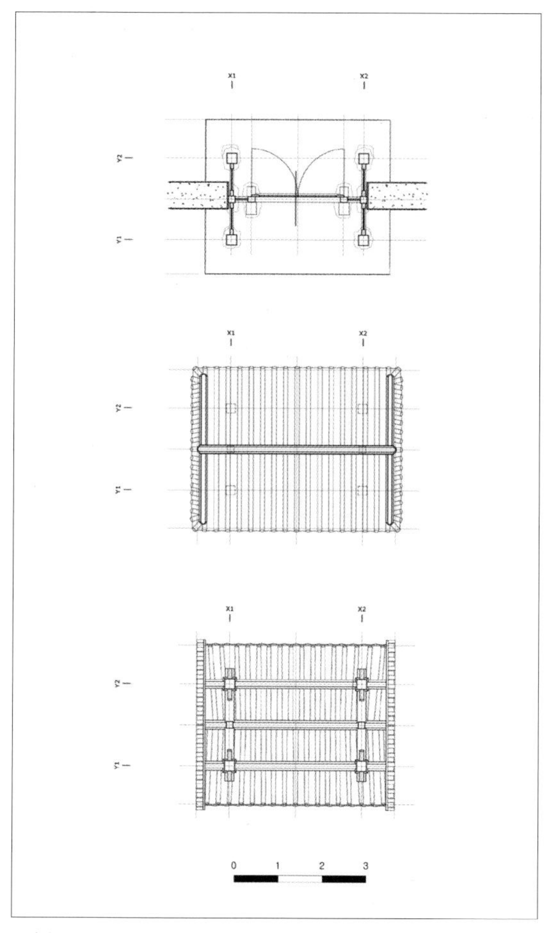

문평면

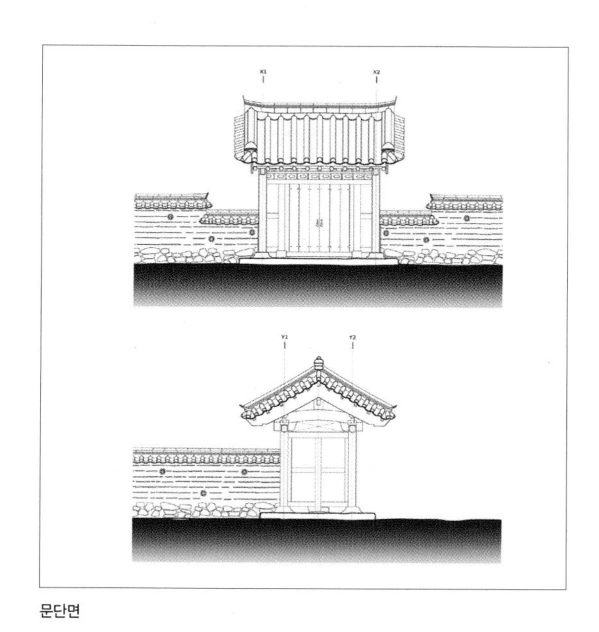

문단면

감리를 위하여 한국과 일본을 왔다 갔다 했지만, 현장에 상주할 수는 없는 것이라 공사가 진행된 후 잘못된 것을 발견하는 것이 적지 않았다. 가장 대표적인 게 자연석에 관한 것이었다. 일본인들에게는 살림이 아주 곤궁하거나 임시로 짓는 집이 아니면 다듬지 않은 돌을 집에 쓰지 않는 것이 상식이라고 하였다. 그래서 도면에 자연석 덤벙주초로 기둥 초석을 그려놓은 것을 그네들은 이 모양으로 가공하여 설치하라는 것으로 해석, 그대로 화강석을 가공, 초석으로 들여놓은 것이었다. 그것도 일본에는 화강석이 드물어 중국에 주문하여 현장에 들인 것이었다. 초석뿐만 아니라 화계, 방지에 사용될 돌들도 모두 같은 식이었다. 일본인들에게 자연석이라는 것의 의미는 인조석이 아닌 것은 모두 가공 여부를 떠나 모두 자연석이라는 것을 알게 된 것이 이때에 이르러서였다. 사소한 단어 하나의 의미 차이가 큰 차이를 만들어내는 경험은 이것만이 아니었다. 직접 현장에 굴러다니는 자연석을 파내어 옮기고 골라주며 화강석을 현장에서 채취한 자연석으로 바꾸라고 요구했다. 하지만, 일본의 건설 관행에서 도면에 명기된 대로 시공을 했는데 이것을 재시공한다는 것은 지극히 드문 일이며, 이미 반입된 재료를 반출한다는 것은 불가능하다는 것이었다. 결국, 초석과 화계부분은 재시공되었지만, 방지는 현장에 반입된 화강석으로 시공될 수밖에 없었다. 토다 선생은 한일합작품이니 그렇게 의미를 부여해달라고 농 비슷하게 이야기했지만, 아직도 여전히 방지부분은 낯설다.

한국 목수들이 시공한 주택부분에서도 문제가 발생했다. 기단은 일본 측에서 시공하고 주초 상부부터 한국 목수들이 맡다 보니 기단과 기둥뿌리 부분의 레벨이 서로 맞지 않아 결과적으로 집이 기단 속에 파묻힌 꼴이 되어버린 것이다. 집을 해체해서 들어올리기엔 준공일자가 너무 빠듯했고 그렇다고 기단을 낮출 수도 없는 상황이었다.

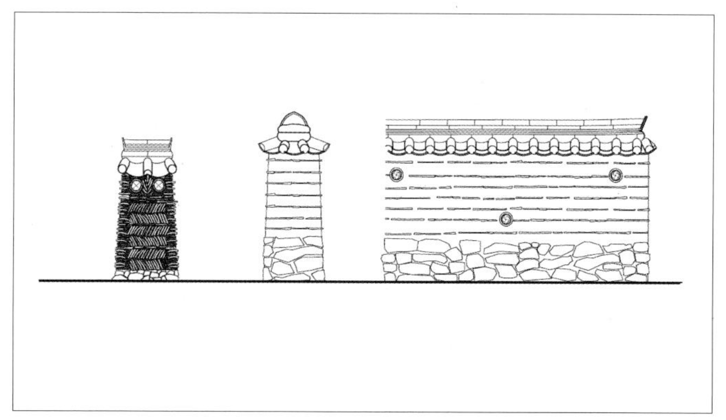

굴뚝 · 담장 입면

목수들이 도면과 상관없이 관습적으로 시공하는 버릇은 일본에 와서도 여전했다. 대부분의 부재를 도면의 치수보다 크게 치목해 왔고 한국에서는 도면보다 부재를 크게 하면 다들 좋아한다는 대답이었다. 살평상 위를 벽으로 막아버리는가 하면 못대가리가 곳곳에 눈에 보였다. 준공식 날짜가 이미 정해져 있는데다 목수들도 외국생활에 지쳐 있었다. 수정되지 않으면 결과물로서 인정할 수 없다고 버텼지만, 오히려 일본 측에서 다음번 공사 때 보수하는 것으로 하고 우선 준공식 날짜에 맞춰 공사를 마무리하는 것으로 양해해달라고 했다. 한국에서 특명전권대사와 일본에서 모리 전 수상이 참석하기로 되어 있기 때문에 준공식 날짜를 연기할 수 없다는 것이었다.

요즈음 전통건축을 설계할 때에는 보통 수장 폭을 기준으로 한다. 집의 규모에 맞는 수장 폭을 기본단위로 설정한 후 이에 따라 부재 치수들을 결정해 나가는 것이다. 일종의 모듈계획이라고 할 수 있는 것인데, 문제는 수장 폭에 따른 부재들의 치수가 소위 '법식'이라는 이름으로 강요되고 있다는 것이다. 요즈음 지어지는 전통양식의 집들이 대부분 번드르르하니 크고 기름진 이유가 건축주들이 크고 기름진 집을 요구하는 세태 탓도 있겠지만, 여기에도 있을 것으로 생각한다.

2002년 8월 28일 예정대로 준공식이 거행되었다. 정치인들의 의례적인 축사를 들으며 지루하게 앉아 있어야 하는 것으로 전통건축에 대한 나의 첫 경험이 마무리되었다.

마치 역사주의 시대에 건축이 생명력을 잃고 번잡해졌듯이, 법식이라는 이름이 설계를 누르고 있는 것이 전통건축설계의 지금 모습이다. 아타미바이엔 한국정원의 설계는 요즘 문화재보수업계에서 통용되고 있는 '법식'에 맞지 않다. 그다지 맞추고 싶지도 않았다. 따라서 그분들이 보기에 아타미 한국정원의 집은 '제대로 된 집'이 아닐는지도 모른다.

내년이 될는지 그다음 해가 될는지 알 수 없지만, 이번에 못다 한 부분들을 채울 수 있기를 바라고 있다. 정자가 더 지어져야 하기도 하겠지만, 집에 어울리는 집기나 가구도 들어가야 할 것이고, 그럴싸한 이름을 지어 현판도 달아야 할 것이다. 석물 몇 점이 마당과 화계에 놓일 수 있다면 더욱 좋을 것이다. 살평상의 벽도 털어야 하고, 방지의 돌도 자연석으로 교체했으면 한다. 공사비 관계로 빠진 담을 마저 쳐야 할 것이다. 진입부에 방지와 평행하게 담을 하나 새로 치고 싶기도 하다.

무엇보다 나무가 빨리 자라 집이 나이를 먹었으면 좋겠다.

설계개요

위치
日本國 熱海市 梅園町 梅園 內

대지면적
1,200m²

건축면적
주택_ 27.06m², 대문_ 5.4m²

설계기간
2001년 11월_ 2002년 1월

공사기간
2002년 6월_ 2002년 8월

설계·감리
토목/조경_ 戸田芳樹風景計劃(일본)
건축_ (주)시반건축사사무소(한국)

건축설계담당
안성호, 조기원, 안지혜

시공
토목 및 조경_ 大島造園土木株式會社(일본)
건축_ 화신종합건설주식회사 임병식 대목
이영호(한국)

문화
공간
12

전통이 있는 복합 문화공간

국립중앙박물관

서울시
용산구 용산동6가
168-6

미르는 우리말로 용이란 뜻이니 미르연못에는 용이 있어야 제격이고 용이 승천하는 모습을 곰솔 다섯 그루로 형상화하여 표현하였다.

전통적인 건축정신의 현대적 재해석

한옥의 진화는 어디까지 가능하고 어디까지를 한옥이라 할 수 있는가에 대한 논의는 접어두고 국립중앙박물관에서 전통적인 건축정신의 현대적 재해석이라는 관점에서 먼저 이야기하려 한다. 박물관은 한옥의 구성적인 면을 일부 수용한 콘크리트구조에 석재로 지은 건축물이다. 중앙의 으뜸홀과 열린마당을 건물의 중심으로 해서 좌우로 一자형의 건물로 우리나라에서 많이 나는 화강암으로 마감하여 색상이 깨끗하고 시원스럽다. 국립중앙박물관은 설계개념을 이렇게 소개하고 있다.

국립중앙박물관은 우리의 전통적인 건축정신을 현대적으로 재해석하여 건축의 기본개념을 설정하였다. 장대하게 하나로 보이는 건물 가운데에 우리 건축의 고유공간인 대청마루를 상징한 열린마당을 두어 모든 사람에게 개방하여 전시실이나 공연장 등 박물관의 모든 시설을 이용할 수 있는 시작점이 된 곳이다.

한옥의 재해석이라는 설명과 같이 한옥이 가진 부분적인 특성을 재창조해서 현대건축에 조합한 건축물로 실제로 한옥의 가장 기본적인 특징인 한식목구조와는 다른 면을 가진 건축물이다. 대청마루의 요소인 천장이 높다는 것과 맨땅인 마당과는 다른 기단의 모습을 갖는 마당을 채용했다. 모든 건축물은 진화한다. 진화의 모습이 변화이든 창조이든 현재시점에서 중요한 것은 한옥 본래의 전통미를 살리고자 하는 실천적 시도이다.

국립중앙박물관 건물은 대지 안쪽 깊숙한 곳에 전통방식에 따라 남향받이와 배산임수에 근거하여 건축물을 배치하고 우리의 전통적인 자연관의 하나인 풍수지리를 고려하여 지었다. 한옥에서 초가도 한옥의 큰 부분을 차지하지만, 일반적으로 우리가 한옥 하면 한국적인 멋과 사상과 철학을 가장 많이 담은 조선시대 사대부들이 살던 집을 기본으로 삼는다. 박물관도 이를 수용해 우리나라 전통한옥으로 보면 사랑채에 속하는 으뜸홀은 전체를 관망할 수 있도록 가장 높게 설치하였으며 유리를 이용해 안과 밖의 경계를 허물었다.

열린마당은 하늘을 가리는 넓은 천장이 있는 실내공간과 건축물 앞에 비어 있는 공간을 아우르는 넓은 공간으로 건축물 앞에 비어 있는 공간이 우리 전통한옥의 실질적인 마당이다. 지붕이 있으면서도 앞뒤로 훤히 뚫려 안이면서 바깥인 한옥의 대청마루 같은 공간이다. 마당은 하늘과 만나는 공간으로 춤과 노래와 노동이 함께 어우러진다. 열린마당의 뒤로 보이는 남산은 우리 전통 건축의 중요 개념인 차경借景인 셈이다.

용산에 있는 국립중앙박물관은 한국적인 풍수사상을 도입하고 전통의 현대적인 재해석을 반영한 성공적인 건축물이다.

위쪽_ 벽을 전돌로 처리했는데 구름이 날고 있다. 한국 전통의 문양을 양각으로 넣어서 한결 기품이 느껴진다.
아래쪽_ 바닥과 벽을 같은 색으로 단순하면서도 질리지 않도록 했다. 구름은 흐르는 구름과 머물고 있는 구름을 형상화했다.

산과 물의 조화를 강조한 열린 공간

국립중앙박물관은 독립적인 아름다움을 추구하기보다 주변 산과 물의 조화를 강조하며 지어진 건축물로 열린 공간 앞에는 인공연못인 거울못이 있다. 거울못은 박물관 건물의 모습이 커다란 못에 비치게 된 데서 연유한다. 유물을 관람하는 것은 내면 성찰의 시간이기 때문에 연못에 내 모습을 비추어보고, 미리 마음을 추스르는 곳이기도 하다. 그래서 거울못의 주체는 물이기 때문에 못에는 수중생물을 키우지 않는다. 박물관 앞에 마련된 연못을 따라 걸으면 보는 각도에 따라 거울못에 투영되는 박물관의 아름다움을 보여주는 전통조경을 엿볼 수 있다. 거울못에서 박물관으로 오르는 길은 한국 산성의 성벽 모습과 흡사하다. 멀리서 보면 박물관이 성곽에 둘러싸인 형상이다.

용龍을 형상화한 '미르폭포', '미르천'

'미르폭포', '미르천'은 전통방식으로 조성된 폭포다. '미르'는 용龍을 뜻하는 옛말로 국립중앙박물관이 위치한 용산이라는 지명에서 비롯되었다. 미르는 우리말로 용이란 뜻이니 미르연못에는 용이 있어야 제격이고, 용이 승천하는 모습을 곰솔 다섯 그루로 형상화하여 표현하여 주변 숲과 연못이 조화를 이루고 있다.

박물관은 건축물과 함께 주변에 공원과 문화시설을 배치하여 주변과 조화를 이루고 있다. 우리의 전통 건축물은 독립적인 건축물보다는 자연과의 어울림을 적극적으로 수용한다. 국립중앙박물관도 마찬가지로 미르폭포, 미르천, 석조물 정원, 전통염료 식물원, 녹지공간 등을 조성하여 용산가족공원의 자연스러운 경관을 보전하면서도 건물 전면 중심부에 거울못과 나들못, 옥외 전시공간, 휴게시설 등을 조화롭게 배치하여 격조 높은 문화공간으로 조성하였다. 중앙박물관은 스스로 아름답지만, 함께 어울려서 더욱 아름다운 건축물이다.

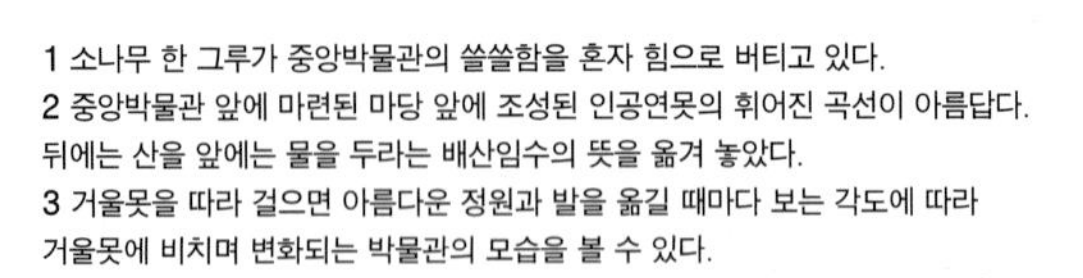

1 소나무 한 그루가 중앙박물관의 쓸쓸함을 혼자 힘으로 버티고 있다.
2 중앙박물관 앞에 마련된 마당 앞에 조성된 인공연못의 휘어진 곡선이 아름답다. 뒤에는 산을 앞에는 물을 두라는 배산임수의 뜻을 옮겨 놓았다.
3 거울못을 따라 걸으면 아름다운 정원과 발을 옮길 때마다 보는 각도에 따라 거울못에 비치며 변화되는 박물관의 모습을 볼 수 있다.

1 물속의 이무기가 용이 되어 하늘로 비상하고 있는 형상이다.
2 '미르폭포'는 전통방식으로 조성된 폭포로, 미르는 용龍을 뜻하는 우리말로 박물관이 위치한 용산이라는 지명에서 비롯되었다. 주변 숲과 연못이 조화를 이루며 신비스러운 분위기가 물씬 풍기는 곳이다
3 한국의 전통 연못으로 인위적인 모습을 피하고 자연스러운 연못을 꾸며 편안하다.
4 우리의 산하에서 흔히 볼 수 있는 정겨운 풍경을 서울 한복판에 재현해 놓았다.

| 참고문헌 |

경북 성주의 한개마을 문화 / 이명식 / 태학사 / 1997
김봉렬의 한국건축이야기 / 김봉렬 / 돌베게 / 2006
민가건축 I, II / 대한건축사협회 편 / 보성각 / 2005
사진과 도면으로 보는 한옥짓기 / 문기현 / 한국문화재보호재단 / 2004
산림경제 / 국역,민족문화추진회 / 1983
손수 우리집 짓는 이야기 / 정호경 / 현암사 / 1999
알기 쉬운 한국 건축 용어사전 / 김왕직 / 동녘 / 2007
어머니가 지은 한옥 / 윤용숙 / 보덕학회 / 1996
우리가 정말 알아야 할 우리한옥 / 신영훈 / 현암사 / 2000
전통 한옥 짓기 / 황용운 / 발언 / 2006
집宇집宙 / 서윤영 / 궁리 / 2005
한국건축의 장 / 주남철 / 일지사 /1998
한국의 문과 창호 / 주남철 / 대원사 / 2001
한국의 민가 / 조성기 / 한울 / 2006
한국의 전통마을을 가다 1,2 / 한필원 / 북로드 / 2004
한옥 살림집을 짓다 / 김도경 / 현암사 / 2004
한옥에 살어리랏다 / 문화재청 / 돌베게 / 2007
한옥의 공간 문화 / 한옥공간연구회 / 교문사 / 2004
한옥의 구성요소 / 조전환 / 주택문화사 / 2008
한옥의 재발견 / 박명덕 / 주택문화사 / 2002

| 감사의 글 |

-

이 책은 (주)LS시스템창호, 경민산업, 고려한옥주식회사, (주)고령기와, 그린홈플랜, 금진목재(주), (주)나노 카보나, (주)대동요업, 마인스톤, 산림조합중앙회, 삼화페인트공업(주), 송인목재, 씨앤비(주), 아스카목조주택, (주)우드플러스 주식회사이연, 이조흙건축, 좋은집좋은나무, 캐나다우드 한국사무소, (주)코텍, 태영무역주식회사, 태원목재(주)의 도움으로 제작되었습니다.

-

저희 한문화사는, 앞으로도 한옥 건축과 한옥 주거문화의 지속적인 발전을 위해 좋은 책으로써 의사전달의 중심에 서도록 꾸준히 노력하겠습니다. 그동안 『한옥의 열린공간』 제작에 협조해 주신 모든 분께 진심으로 감사드립니다.